全国高等院校园林专业"十二五"规划教材

高等职业学校提升专业服务产业发展能力项目
——河南职业技术学院园林工程技术专业建设项目课程建设成果

园林设计

YUANLIN SHEJI

王振超　胡继光　夏　冰　编　著

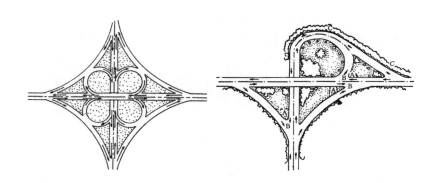

中国轻工业出版社

图书在版编目（CIP）数据

园林设计 / 王振超，胡继光，夏冰编著. —北京：中国
轻工业出版社，2020.7
全国高等院校园林专业"十二五"规划教材
ISBN 978-7-5019-9586-8

Ⅰ. ①园… Ⅱ. ①王… ②胡… ③夏… Ⅲ. ①园林
设计 – 高等学校 – 教材 Ⅳ. ① TU986.2

中国版本图书馆CIP数据核字（2013）第290427号

责任编辑：毛旭林
策划编辑：李 颖 毛旭林 责任终审：孟寿萱 封面设计：锋尚设计
版式设计：锋尚设计 责任校对：李 靖 责任监印：张 可

出版发行：中国轻工业出版社（北京东长安街6号，邮编：100740）
印 刷：北京君升印刷有限公司
经 销：各地新华书店
版 次：2020年7月第1版第4次印刷
开 本：889×1194 1/16 印张：14
字 数：495千字
书 号：ISBN 978-7-5019-9586-8 定价：39.00元
邮购电话：010-65241695
发行电话：010-85119835 传真：85113293
网 址：http://www.chlip.com.cn
Email：club@chlip.com.cn
如发现图书残缺请与我社邮购联系调换
200693J1C104ZBW

前言

　　本教材根据《教育部关于加强高职高专教育人才培养工作的意见》及《关于加强高职高专教育教材建设的若干意见》的精神和要求进行编写，可供高职高专园林工程技术专业、园林技术专业、景观设计专业和其他园艺、林学类专业使用。

　　本教材是河南职业技术学院与河南省尚兰园林景观设计有限公司、郑州鑫楷景观设计咨询有限公司、河南省城乡建筑设计院市政园林分院、河南贝德景观规划设计有限公司、黄河园林集团有限公司等园林设计企业合作编写的，合作企业负责提供设计案例和相关项目基础资料，并参与教材编写内容的审定，学校负责资料的整理和教材内容的编写。该教材依据项目进行内容组织和编写，主旨是通过城市道路绿地设计、庭院设计、屋顶花园设计、滨水景观设计、城市广场设计、居住区景观设计、高校校园环境设计七个具体的园林设计项目，以设计任务引入相关知识，训练学生的知识应用能力和园林专题项目的设计能力，针对性强，目的是训练学生的设计能力，开拓学生的设计思维，强化学生的职业能力。

　　本教材由王振超担任主编，胡继光、夏冰为副主编，肖磊、汤振兴、江廷范、刘玉婷、马宏伟、王艺参加编写，各章节编写分工如下：

河南职业技术学院　　　　王振超　项目2、项目5
河南职业技术学院　　　　胡继光　项目7
河南职业技术学院　　　　夏　冰　项目1、项目4
郑州航空工业管理学院　　汤振兴　项目3
黄河园林集团有限公司　　肖　磊　项目6

教材中录入的部分设计案例及工程项目由河南省尚兰园林景观

设计有限公司的刘玉婷设计总监、郑州鑫楷景观设计咨询有限公司的江廷范总经理、河南省城乡建筑设计院市政园林分院设计总监马宏伟、河南贝德景观规划设计有限公司的王艺总经理和黄河园林集团有限公司的规划设计院院长肖磊供稿。

全书由河南农业大学的王鹏飞教授担任主审。

由于编者知识、阅历所限，加之编写时间紧迫，书中疏漏错误不妥之处在所难免，敬请各试用院校和读者给予批评指正。

编者
2013年10月

目录

项目 1 城市道路绿地设计

项目内容 本单元内容是使学生了解城市道路绿地的分类组成及规划设计原则，掌握城市道路绿地规划设计的方法，熟悉人行道铺装设计。

1.1 城市道路绿地概述

1.1.1 城市道路绿地的概念

城市道路指城市内的道路，即城市中建筑红线之间的用地。城市道路是城市的结构骨架，与广场、建筑共同构成城市空间结构中的"点""线""面"。道路绿地则是建立在城市交通空间的基础上发展起来的。道路绿地最初以行道树的形式出现。它以线的形式广泛分布于城市中，联系着城市中分散的"点"和"面"的绿地，并与其组成完整的城市园林绿地系统。

1.1.2 城市道路绿地的功能

道路绿地作为城市绿地系统的重要组成部分，从一个侧面体现了城市的景观。良好的道路绿化可以美化街景，烘托城市建筑艺术，也可以利用街道绿化遮掩城市有碍瞻观的地段景观，使城市面貌更加整洁、生动。城市道路绿地具有以下几个方面的功能。

（1）改善城市环境功能

随着城市的发展，机动车辆日益增多，汽车是道路上废气、尘土和噪声的主要流动污染源，其影响范围大，街道附近居民受害严重。

道路及其周边各种绿地对于改善周围环境有着重要作用。如增加庇荫，调节气温；吞碳吐氧，净化空气；防尘吸毒，降低噪声；抗灾防灾，减少损失。据实测报道，城市露天的气温高达35℃时，树阴下阴影部分的气温只有22℃左右；再以滞尘为例，据有关部门统计，在有绿化的街道上，距地面1.5米处的空气含尘量，比没有绿化的地段低56.7%；日本工业城市则把银杏列为防火防震的重要树种。

（2）组织交通功能

在城市道路规划中，常用绿化隔离带将快车道与慢车道分隔开。在人行道与车行道之间利用行道树及人行道绿化带将行人与车辆分开。另外在交通岛、立体交叉等区域也有一定方式的绿化，街道上这些不同的绿化都可以起到组织城市交通、保证行车速度和交通安全的作用。

绿色植物在视觉上给人们以柔和安静的感觉，在路口和转弯地段，特别是在立体交叉的设计中，常用树木作为诱导视线的标志。

为了减少行人随意横穿马路，常在人行横道和车行道之间种植较密的绿地或是设置较宽的中央绿化分隔带，代替金属护栏，既有利交通，又美化街道（见图1-1）。

（3）美化环境功能

绿化环境，美化市容的水平和风格反映出城市的文明程度和社会风尚。城市道路绿化的好坏，则直接影响到一个城市的面貌和环境质量。城市道路纵横交织，行人车辆川流不息，虽繁荣兴隆但嘈杂拥挤。道路绿化则衬托或加强了城市艺术面貌（见图1-2）。很多著名的城市由于美丽的街道景观给人们留下了深刻的印象。如法国巴黎的香榭丽舍大道上的法国梧桐使街道青翠浪漫；德国柏林的菩提林荫大道，因菩提树得名；日本的樱花在道路两侧烂漫如云；澳大利亚首都堪培拉则处处是草地、花卉和树木，被人们誉为"花园城"。我国很多城市的道路绿化也很有特色，如郑州、南京用悬铃木做行道树，整个城市郁郁葱葱；三亚的椰林大道尽显南国风光。

图1-1　北京西直门外大街利用攀缘月季作分车带　　　　图1-2　南国街道风光

（4）休闲娱乐功能

城市道路绿地除行道树和各种绿化带以外，还有面积大小不同的街道绿地、城市广场绿地、公共建筑前绿地。这些绿地内经常设置园路、广场、座椅、廊架、小型园林建筑等设施。有些绿地内还设有儿童活动区、健身器械区等游戏活动场地。道路绿地中的这些部分由于距离居住区较近，绿地的使用率较高，现在已经广泛成为附近居民锻炼身体、休闲娱乐的场所。

（5）生产功能

道路绿化在满足各种功能要求的同时，可以结合生产创造物质财富。要从实际出发、因地制宜、讲求实效，结合生产的树种要选择适应性强、便于管理、病虫害少、枝叶茂盛、树形高大整齐的种类，同时要有一定的管理措施，才能达到预期的目的。引入有较高经济价值的经济树种，如柿树、银杏、乌桕、核桃、椰子、棕榈等树种可以收获果实，樟树、杨树等可得木材。浙江省和广西壮族自治区在道路绿化的树种选择中，都引入了一些当地常见的果树，营造特色街景的同时获得了一定的经济效益。

1.1.3 城市道路的分类及绿地组成

（1）城市道路的分类

随着城市的发展，人口增多，道路逐渐形成网络。城市道路是多功能的，以交通功能占主要地位，为确保交通安全，对不同性质、不同的车速的交通实行分流。

城市道路分为四个类型：高速路、快速路、主干路、次干路、支路、专用车道。

高速路为城市各大区之间远距离高速交通服务，联系距离20~60km，行车速度为80~120km/h。行车全程均为立体交叉，最少为四车道，中间设有分车带，外侧有停车道。

快速路在城市交通中起到"通"的作用，不设置非机动车道，在机动车道中设置中央隔离绿带，行车速度在70km/h以上，全程为部分立体交叉，最少设四车道。快速路与其他干路构成系统，城市对外公路有便捷的联系。

主干路是全市性干道，它是城市主要交通枢纽，联系城市中主要公共活动中心，是城市政治、经济文化中心所在地，并联系主要居住区、主要功能分区、主要客货运输线和连接周围郊区公路。主干路上的机动车与非机动车分道行驶，两侧设置分车绿带，设计行车速度在40~60km/h，行车全程基本为平交，最少设置四车道。

次干路是区域性干道，在城市交通中起"通"、"达"两个作用，是主干路的辅助交通线，用以沟通主干路和支路。设计行车速度为25~40km/h，行车全程为平交，具体布置最少为两车道。

支路在城市交通中起"达"的作用，是干道的分支线和出入居住区的道路。行车速度为15~25km/h，行车全程为平交，可不划分车道。

专用车道是城市交通规划考虑特殊要求的专用公共汽车道、专用自行车道、城市绿地系统中和商业集中地区的步行林荫道等。

（2）城市道路绿地组成

城市道路绿地主要由以下几个部分组成：道路绿带、交通岛绿地、广场绿地和停车场绿地。其中，道路绿带又包括分车绿带、行道树绿带和路侧绿带。

根据城市道路的不同类型、功能和环境特点，城市道路绿地还包括：快速路绿地、立体交叉绿地、高速公路绿地、滨河路绿地、花园林荫路绿地。

1.1.4 城市道路的断面布置形式

道路绿化的断面形式与道路断面布置形式密切相关，完整的道路是由机动车道（快车道）、非机动车道（慢车道）、分隔带（分车带）、人行道及街旁绿地这几个部分组成。

目前，我国街道的横断面形式常见的有以下几种。

（1）一板二带式（一块板）

它由一条车行道、两条绿化带组成，不设分隔带，这种形式最为常见，是一种混合交通形式

（见图1-3）。适用于路幅窄、占地困难或拆迁量大的旧城区。绿化形式为在车行道两侧人行道分割线上种植道树。

它的优点是用地经济、管理方便、较整齐。缺点是景观比较单调，车行道过宽时遮荫效果较差，机动车和非机动车辆混合行驶时容易发生交通事故，不易管理。

图1-3　一板二带式道路绿地断面图

（2）二板三带式（二块板）

这种形式设置分隔带，可以将车辆的上下行分开，中间、两边共三条绿化带，中间绿化带用于分割单向行驶的两条车行道，若其8米宽以上可以布置成林荫路（见图1-4）。常应用于交通量比较均匀以及郊区快速车道。

它的优点是用地较为经济，可以避免机动车间发生事故，绿带数量较大，生态效益显著。缺点是不能避免机动车与非机动车之间的事故发生。

图1-4　二板三带式道路绿地断面图

（3）三板四带式（三块板）

这种形式在宽街道中应用较多，是比较完整的道路形式，利用两条分隔带把车行道分成三块，中间为机动车道，两侧为非机动车道，连同车道两侧的行道树共有四条绿化带（见图1-5）。机动车道和非机动车道用分车带隔开，有利于提高车速和保障交通安全。

它的优点是街道美观、卫生防护及遮荫效果好，组织交通方便。缺点是用地面积大，不经济。

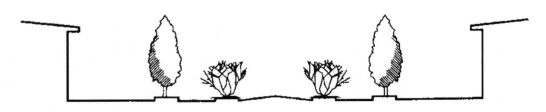

图1-5　三板四带式道路绿地断面图

（4）四板五带式（四块板）

这种形式应用于宽阔的街道，是比较完整的道路绿化形式，利用三条分隔带将车道分为四条，故共有五条绿化带（见图1-6）。如果道路面积有限，不宜布置五带，则可用栏杆分隔，以节约用地。

它的优点是各种车辆上行、下行互不干扰，利于限定车速和保证交通安全，绿化量大，街道美观，生态效益显著。缺点是占地面积大，不经济。

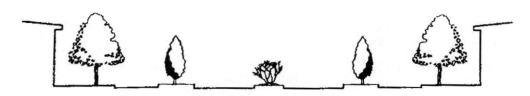

图1-6　四板五带式道路绿地断面图

（5）其他形式

随着城市的发展扩大，部分城市道路已不能适应车辆日益增多的局面，不少城市将原有的双向车道改造成单行道，这也就改变了传统的道路划分方式。

在道路两旁、山坡旁、河道旁、建筑阴影较大的地方多为一板一带式，它只有一条绿带，卫生防护作用较差。

随着城市建设的发展，道路的横断面形式也在同步更新，道路绿化的断面形式取决于道路的断面形式。但其平面布置形式要依据道路绿化的宽度制定，要根据实际情况，因地制宜。

1.2　城市道路绿地规划的设计原则

1.2.1　城市道路绿化景观设计原则

道路绿化根据城市道路的分级和路型等进行设计，由各种绿化带构成。设计要依据《城市绿化条例》、《城市道路绿化规划与设计规范》以及当地相关法规等，明确设计构思和设计风格，同时应遵循以下原则。

（1）以人为本原则

道路空间提供了人们相互往来与货物流通的通道，不同出行目的的人群在动态的过程中观赏道路两旁的景观，由此产生了不同行为规律下的不同视觉特点。在设计时，要充分考虑行车速度和视觉特点，将路线作为视觉线形设计的对象，提高视觉质量，防止眩光。

（2）景观特色原则

道路绿地设计要结合城市设计综合考虑行车两侧景观，主、干、支路等各方面景观，尽可能做到"一路一景"、"一路一特色"等（见图1-7、图1-8）。

（3）生态原则

我国建设部规定园林景观路绿地率不得小于40%；道路红线宽度大于50m的道路绿化率不得小于30%；红线宽度在40~50m的道路绿地率不得小于25%；红线宽度小于40m的道路绿地率不得小于20%。要根据实地情况，尽可能提高道路绿化率，同时在道路绿地设计中要注意植物的层次美、季相美，应用乔灌草复式结构，分割竖向空间，创造植物群落的整体美，实现道路绿地生态性。

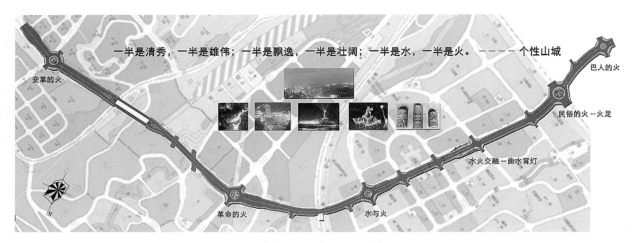

图1-7　重庆盘龙大道景观设计总平面图

图1-8　重庆盘龙大道景观设计鸟瞰图

（4）与周围环境相协调原则

城市道路是由多种景观元素构成的相互作用的结合体。一条道路周围环境变化不大，道路绿地设计要注意保持连续性，植物种类的选择和配置以统一、协调为主。不同标准路段以一种景观为主，以几种植物共同营造同一气氛，形成不同标准路段景观。营造这种景观时要注意与周围环境相协调，形成有秩序的外部空间，两个标准路段在节点处植物交融汇合、自然过渡。同时以第一标准路段为透视线，与其他绿地相互借景、相互融合。

（5）因地制宜，适地适树原则

道路植物生长的立地条件较为严酷，车辆行驶频繁。因此，应选择适应性强、生长强健、管理粗放的植物。

（6）人文历史传承与发展原则

每个城市都有深厚的文化内涵和崭新的时代特征。有的城市道路是进出城市的要道，是城市的门户，在一定程度上体现了城市时代特征和风貌特色。在设计上，不仅要绿化、美化环境，更要体现城市的历史文化，展现城市未来发展的作用。

1.2.2 城市道路绿化树种和地被植物的选择原则

（1）道路绿地环境

道路绿地所处的环境与其他公共绿地不同，有许多不利于植物生长的因素（见图1-9）。

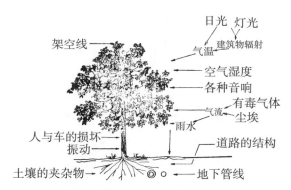

图1-9 行道树生长环境示意图

1）土壤。由于城市长期不断进行建设，致使土壤状况十分复杂，自然结构完全被破坏。有的绿地地下是旧建筑的基础、旧路基或废渣土，土壤贫瘠；有的则土层太薄，不能满足种植植物对土壤的要求；有的因建筑渣土、工业垃圾或地势过低淹水等造成土壤酸碱度过高致使植物不能正常生长；有的由于人踩、车轧、作路基时人为夯实等致使土壤板结，透气性差；有的城市地下水位高，透水性差，土壤水分过高等都会导致植物生长不良。

2）烟尘。车行道上行驶的机动车辆是街道上烟尘的主要来源，街道绿地距烟尘来源近，受害较大。烟尘能降低光照强度和光照时间，从而影响植物的光合作用，烟尘、焦油等落在植物叶片上会堵塞气孔，降低植物的呼吸作用。

3）有害气体。机动车排出的有害气体直接影响植物的生长。由于植物的生活能力降低，植物对外界环境适应能力也降低，因而易产生病虫害。

4）日照。街道上的植物有许多是处在建筑物一侧的阴影范围内，遮阴大小和遮阴时间长短与建筑物的高低和街道方向有密切关系。特别是北方城市，东西向街道的南侧有高层建筑时，街道北侧行道树由于处在阳光充足地段，生长茂盛，街道南侧行道树由于长期处于建筑阴影下，生长瘦弱，甚至偏冠。

5）风。城市道路上的风速各不相同。有的地方由于建筑物遮挡风速小，有的地方则由于建筑物的影响风力增强。强风可使植物迎风面枝条减少导致树冠偏斜，甚至会将植物连根拔起，以致造成次生灾害。

6）人为损伤和破坏。街道上人流和车辆繁多，常有碰坏树皮、折断树枝或摇晃树干的现象发生，有的重车甚至会压断树根。北方街道在冬季下雪时喷热风或喷洒盐水，渗入绿带内，会对树木的生长造成一定的影响。

7）地上地下管线。在街道上各种植物与管线虽有一定距离，但树木不断生长仍会受到限制。特别是架空线和热力管线，架空线下的树木要经常修剪。热力管线则使土壤温度升高，影响树木生长。

由于道路所处的特定环境限定了道路绿化的树种和地被植物，同时道路绿化的风貌也主要取决于选择什么样的树种，其中最重要的是行道树的选择。

（2）道路绿化树种和地被植物选择原则

1）道路绿化应选择适应道路环境条件、生长稳定、管理粗放，对土、肥、水要求不高，耐修剪、病虫害少、抗性强、观赏价值高和环境效益好的植物种类。

2）寒冷积雪地区的城市，分车绿带、行道树绿带种植的乔木应选择落叶树种。

3）行道树应选择深根性、分枝点高、树干挺直、冠大荫浓、生长健壮、适应城市道路环境条件，且落果对行人不会造成危害的树种。

4）花灌木应选择枝繁叶茂、花期长、生长健壮、便于管理的树种。

5）绿篱植物和观叶植物应选用萌芽力强、枝繁叶密、耐修剪的树种。

6）地被植物应选择茎叶茂密、生长势强、病虫害少且易于管理的木本或草本观叶、观花植物。其中，草坪地被植物应选择萌蘖力强、覆盖率高、耐修剪和绿期长的种类。

在实际应用中，根据具体环境条件，因地制宜，适地适树。道路绿化应以乔木为主，采用乔木、灌木及地被植物相结合的方式；保留有价值的原有树木，保护古树名木；速生树与慢生树搭配栽植，远近期综合考虑。

1.3 道路绿地种植设计

1.3.1 城市道路绿地设计专用术语

城市道路绿地设计专用术语是与道路相关的一些专门术语，设计中必须掌握。道路相关名词术语可参照道路绿地名称示意图（见图1-10）。

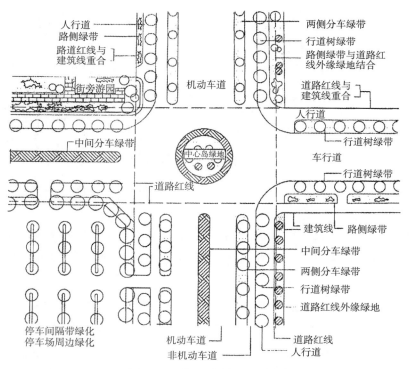

图1-10 道路绿地名称示意图

（1）道路红线

在城市规划图纸上划分出的建筑用地与道路用地的界限。常以红色线条表示，故称道路红线。道路红线是街面或建筑范围的法定分界线，是线路划分的重要依据。

（2）道路分级

道路分级的主要依据是：道路的位置、作用和性质，是决定道路宽度和线型设计的主要指标。目前，我国城市道路大都按三级划分：主干道（全市性干道）、次干道（区域性干道）和支路（居住区或街坊道路）。

（3）道路总宽度

也称为路幅宽度，即规划建筑线（道路红线）之间的宽度。道路总宽度是道路用地范围，包括横断面各组成部分用地的总称。

（4）道路绿地

道路及广场用地范围内可进行绿化的用地。道路绿地分为道路绿带、交通岛绿地、广场和停车场绿地。

（5）道路绿带

道路红线范围内的带状绿地。道路绿带分为分车绿带、行道树绿带和路侧绿带。

（6）分车绿带

车行道之间可以绿化的分隔带，其位于上下机动车道之间的为中间分车绿带；位于机动车与非机动车道之间或同方向机动车道之间的为两侧分车绿带。

（7）行道树绿带

布设在人行道与车行道之间，以种植行道树为主的绿带。

（8）路侧绿带

在道路侧方，布设在人行道边缘至道路红线之间的绿带。

（9）交通岛绿地

可绿化的交通岛用地。交通岛绿地分为中心岛绿地、导向岛绿地和立体交叉绿岛。中心岛绿地指位于交叉路口上可以绿化的中心岛用地；导向岛绿地指位于交叉路口上可绿化的导向岛用地；立体交叉绿岛指互通式立体交叉干道和匝道围合的绿化用地。

（10）广场、停车场绿地

广场、停车场用地范围内的绿化用地。

（11）道路绿地率

道路红线范围内各种绿带宽度之和占总宽度的百分比。

（12）园林景观路

在城市重点路段，强调沿线绿化景观，体现城市风貌、绿化特色的道路。

（13）装饰绿地

以装点、美化街景为主，不让行人进入的绿地。

（14）开放式绿地

绿地中铺设游步道，设置座凳等，供行人进入游览休息的绿地。

（15）通透式配置

绿地上配置的树木，在距相邻机动车道路面高度0.9~3m之间的范围内，其树冠不遮挡驾驶员视线的配置方式。

1.3.2 道路绿地种植设计

道路绿化设计包括道路绿带、交通岛绿地、广场和停车场绿地等。

（1）道路绿带设计

1）行道树绿带设计。行道树是道路绿化最基本的组成部分，沿道路种植一行或是几行乔木是道路绿化最普遍的形式，行道树的设计内容和方法是：

● 选择合适的行道树种。要根据地区的具体条件，选择合适的行道树种，所选树种应尽量符合街道绿化树种的选择条件。

● 确定行道树种植点距道牙的距离。行道树种植点距道牙的距离决定于两个条件：一是行道树与管线的关系，二是人行道铺装材料的尺寸。

行道树是沿车行道种植的，城市中很多管线也是沿车行道布置的，因此行道树与管线之间经常相互影响，在设计的时候要处理好行道树与管线的关系，互不干扰，各得其所，才能够达到理想的效果（见图1-11）。

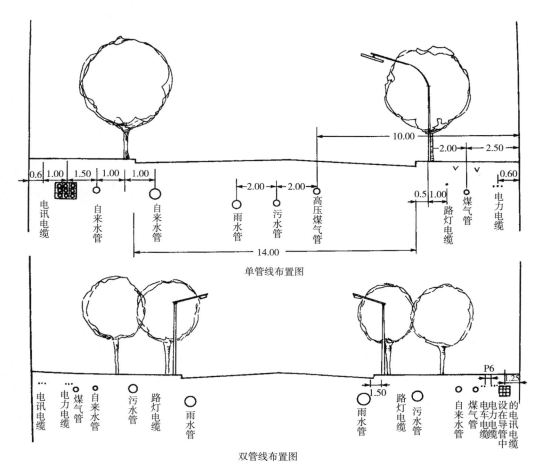

图1-11　行道树与道路管线位置关系示意图

表1-1、表1-2、表1-3是树木各种管线及地上地下构筑物之间的最小距离

表1-1 树木与地下管线外缘最小水平距离

管线名称	据乔木中心距离/m	距灌木中心距离/m
电力电缆	1.0	1.0
电信电缆（直埋）	1.0	1.0
电信电缆（管埋）	1.5	1.0
给水管道	1.5	
雨水管道	1.5	
污水管道	1.5	
燃气管道	1.2	1.2
热力管道	1.5	1.5
排水盲管	1.0	

表1-2 树木根茎中心至地下管线外缘最小距离

管线名称	距乔木根茎中心距离/m	距灌木根茎中心距离/m
电力电缆	1.0	1.0
电信电缆（直埋）	1.0	1.0
电信电缆（管埋）	1.5	1.0
给水管道	1.5	1.0
雨水管道	1.5	1.0
污水管道	1.5	1.0

注：乔木与地下管线的距离是指乔木树干基部的外缘与管线外缘的净距离。灌木或绿篱与地下管线的距离是指地表处分蘖枝干中最外的枝干基部的外缘与管线外缘的净距离。

表1-3 树木与其他设施最小水平距离

设施名称	至乔木中心距离/m	至灌木中心距离/m
低于2m的围墙	1.0	
挡土墙	1.0	
路灯杆柱	2.1	
电力、电线杆柱	1.5	
消防龙头	1.5	2.0
测量水准点	2.0	2.0

以上各表可供树木配置时参考,但在具体应用时,还应根据管道在地下的深浅程度而定,管道深的,与树木的水平距离可以近些。树种属深根性或浅根性,对水平距离也有影响,树木与架空线的距离也视树种而定。树冠大的,要求距离远些;树冠小的则可以近些。一般保证在有风时,树冠不碰到电线。在满足与管线关系的前提下,行道树距道牙的距离不小于0.5m。

确定种植点距道牙的距离还应考虑人行道铺装材料及尺寸。如是整体铺装则可不考虑,如是块状铺装,最好在满足与管线最小距离的基础上,取与块状铺装的整数倍尺寸关系的距离,这样施工则比较便捷。

● 确定合理的株距。正确确定行道树的株行距有利于最大限度地发挥行道树的作用,便于绿化管理。行道树的株距要根据所选植物成年冠幅大小来确定,实际情况较为复杂,还要考虑道路的具体情况如交通或市容的需要、苗木生长速度、苗木规格等。目前由于很多城市追求速成景观,与之伴随大树移植的技术日趋成熟,常使用较大规格的苗木,行道树的株行距有所加大。常用的株距为4m、5m、6m、8m。

● 定种植方式。行道树的种植方式常见有两种,分别为树池式、树带式。行道树的种植方式要根据道路和行人情况来确定,道路交通量大,行人量密集,人行道较窄的路段多选用树池式,树池常见的有正方形、长方形和圆形。其中正方形树池的尺寸一般为1.5m×1.5m,长方形为1.2m×2m,圆形直径则不小于1.5m。树池的边石一般高出人行道10~15cm,若树池低于路面边石则与人行道等高。前者对树木有保护作用,避免行人践踏;后者行人走路方便。一般在树池上覆盖特制的镂空混凝土盖板石或铁花盖板,保护植物的同时增加道路宽度,避免践踏,便于雨水渗透。

道路不太重要,行人量较少的地段可选用树带式。即在人行道和车行道之间留出一条不加铺装的种植带,一般宽度不小于1.5m,可根据实际情况进行设计。长条形的种植带施工方便,对树木生长也有好处,缺点是裸露土地较多,不利于街道卫生和街景的美观。为了保持清洁和街景的美观,可在条形种植带中的裸土处种植草皮或其他地被植物,种植带的宽度应在1.5m以上。同时要留出铺装过道,以便人流通行或汽车停站。

● 设计方法。

① 单排行道树。通常在人流量较大、空间较小的街区采用。行道树间距宜为5~7 m,周围砌筑1.5 m×1.5 m的方形树池,树种采用干直、冠大、树叶茂密、分枝点高、落叶时间集中的乔木,一个街区最好选择同一树种,保持树型、色彩等基本一致。

② 双排行道树。人行道宽度为5~6 m,门店多为商业用户,人流量较大,采用单排行道树绿化遮荫效果差,布置花坛又影响行人出入,在这种情况下,可交错种植两行乔木。为了丰富景观,可布置两个树种,但在冠形上要力求协调。

③ 绿化带内间植行道树。当人行道宽度为5~6 m且人流量不大时,可在人行道与车道之间设置绿化带,绿化带宽度应在2 m以上,种植带内间植4~5棵行道树,空地种植小花灌木和草坪,周围种植绿篱。这种乔灌草结合的方式,不仅有利于植物的生长,而且极大地改善了行道树的生长环境。

④ 行道树与小花坛。人行道较宽,人流量不大时,除在人行道上栽植一排行道树外,还要结合建筑物特点,因地制宜地在人行道中间设计出或方或圆或多边形的花坛。花坛内可采用小乔木与灌木和花卉配置,形成层次感,也可用花灌木或花卉片植成图案。

● 其他。在设计行道树时还应注意路口及电线杆附近、公交车站的处理,应保证安全所需要的最小距离。行道树绿带的设计要考虑绿带宽度、减弱噪声、减尘及街景等因素，还应综合考虑园林艺术与建筑艺术的统一，可分为规则式、自然式以及混合式。行道树绿带是一条狭长的绿地，下面往往铺设了许多与道路平行的管线，在管线之间留出种植树木的位置。由于种种条件限制，成行成排种植乔木和灌木成为行道树绿带的主要形式。它的变化主要体现在乔灌木的搭配，前后层次的处理和孤植与丛植交替种植的韵律上。为了使街道绿化整齐统一，同时具备自由活泼的特点，行道树绿带的设计以采用规则与自然相结合的形式最为理想（见图1-12）。

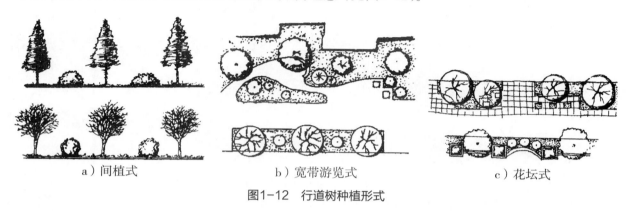

a）间植式 　　　　　　b）宽带游览式 　　　　　　c）花坛式

图1-12　行道树种植形式

2）分车绿带设计。在分车带上进行绿化称为分车绿带，也称为隔离绿带。常见为单排（分隔上下行车道）和双排（分隔快慢车道）两种形式（见图1-13）。分车绿带有组织交通、分隔上下行车辆的作用。在分车绿带上经常设有各种杆线、公共汽车停车站，有时甚至有人行横道。分车绿带虽小，但在城市中分布广泛，位置重要显眼，对城市面貌影响较大。分车带宽度依行车道的性质和街道的宽度而定，高速公路的分车带宽度一般为5~20m，其他道路的分车带最低不能小于1.5m。

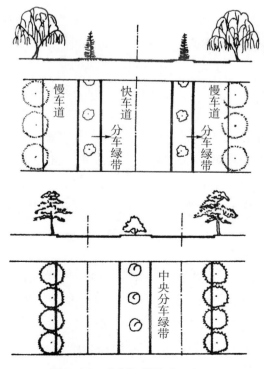

图1-13　分车绿带模式示意图

分车绿带具有安全和美化城市的作用，可以消除司机视觉上的疲劳，种植乔木绿化带还可以改变道路的空间尺度，使道路空间具有良好的宽高比。设置分车带的目的是用绿带将快慢车道分开，或将逆行的快车与快车分开，保证快、慢车行驶的速度与安全。对视线的要求因地段不同而异。在交通量较少的道路，两侧没有建筑或没有重要建筑物的地段，分车带上可种植较密的乔灌木，形成绿色树墙，充分发挥隔离作用。当交通量较大时，道路两侧分布大型建筑及商业建筑时，既要求隔离又要求视线通透，在分车带上的种植就不应完全遮挡视线。种分支点低的树种时，株距一般为树冠直径的2~5倍；灌木或花卉的高度应在视平线以下。如需要视线完全敞开，在隔离带上应只种植草坪、花卉或分支点高的乔木。路口及转角地应留出一定范围不种遮挡视线的植物，使司机能有较好的视线，保证交通安全。

分车绿带位于车行道中间，位置明显而且重要，因此在设计时要注意街景的艺术效果，可以产生封闭的感觉，也可以创造半开敞、开敞的感觉。这些都可以用不同的种植设计方式来达到。分车带的绿化设计方式有三种：封闭式、半开敞式、开敞式。

封闭式种植，造成以植物封闭道路的境界，在分车带上种植单行或双行的丛生灌木或慢生常绿树，当株距小于5倍冠幅时，起到绿墙的作用。在较宽的分车带则可以采用乔灌草复层结构，营造林冠线优美，层次丰富的多季相多色彩植物屏障。

开敞式种植，在分车带上种植草皮、低矮灌木或较大株行距的大乔木，以达到开朗、通透境界。大乔木树干应当裸露。半开敞式种植则是介于二者之间的一种种植形式。

无论采用哪一种种植方式，其目的都是为了最合理地处理好建筑、交通和绿化之间的关系，使街景统一而富于变化。但变化不宜过多，否则会使人感到凌乱烦琐、缺乏统一，容易分散司机的注意力。因此从交通安全和街景考虑，在多数情况下，分车绿带以不遮挡视线的开敞式种植较为合理。在城市交通道路中，由于车速高，分车绿带设计应最大限度地满足道路的安全要求，以低矮的灌木和草坪为主，形式也应简洁。在城市中心道路中，以方便公交车辆和行人通行为目的，分车绿带的设计在满足交通安全的前提下，应重点考虑美化的作用。形式多样，色彩丰富，有一定的高度变化。除了常见的与道路平行的分车绿带，还可以设计曲线式、折线式或宽窄不一的自由式绿带以限制车速。分车绿带的宽度和道路宽度比例要适宜，宽阔的道路分车绿带也要宽，单排绿带要比双排宽。

分车绿带的宽度因道路而异，没有固定的尺寸，因此种植设计就因绿带的宽度不同而有不同的要求。一般在分车带上种植乔木时要求分车带不小于2.5m；6m以上的分车带可以种两行乔木和花灌木；窄的分车带只能种草坪和灌木。中央绿带最小为3m，3m以上的分车带可以种植乔木。现在很多城市的新区建设中，中央分车带宽达几十米，有的上面只种植低矮灌木和草皮，也有的采用自然式乔灌草复层种植设计。

分车绿带的常见形式具体如下：

● 以绿篱为主的分车绿带。两侧绿篱，中间是大型花灌木和常绿松柏类，棕榈类或宿根类花卉。这种形式绿化效果较为明显，绿量大，色彩丰富，高度也有变化。缺点是修剪管理工作量大，如管理不到位或路口转角处处理不好，会影响司机视线。

两侧绿篱，中间是宿根花卉和小花灌木或草花间植。色彩丰富，高度变化不如前一种明显，修剪工作量大，对司机视线没有影响。

单侧绿篱（多在慢车道一侧）和宿根类花卉，草坪组合，绿篱为直线或曲线式，形式较为新颖。

● 以草坪为主的分车绿带（适合于宽度在2.5m以上的绿化带）。一种是草坪上植宿根花卉或乔木，亦可种植花灌木。另一种是以草坪为主，草坪上布置少量花卉和小灌木，可以是自然式或简单的图案。

● 以乔木为主的分车绿带。这是应大力提倡的绿带种植形式，绿量最大，环境效益最明显，主干高3.5m以上，对交通无任何影响。树下可种植耐荫草坪和花卉，美化效果明显，特别适合宽阔的城市道路。

● 图案式绿化带。城市新区，开发区新修的道路十分宽阔，其中绿化带宽度多在5m以上，以灌木、花卉、草坪组合而成各种图案，有几何形式也有自由曲线式，修剪整齐，色彩丰富，装饰效果好。

分车绿带种植设计同时还要注意以下几个方面：

● 分车绿带位于车行道之间。当行人横穿道路时必然横穿分车绿带，这些地段的绿化设计应根据人行横道在分车绿带上的不同位置，采取相应的处理方法，既要满足行人横穿马路的要求，又不至于影响分车绿带的整齐美观。主要有以下三种情况（见图1-14）。

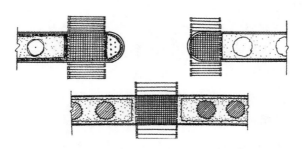

图1-14　分车绿带与人行横道关系示意图

人行横道线在绿带顶端通过，在人行横道线的位置上铺装混凝土方砖不进行绿化。

人行横道线在靠近绿带顶端位置通过，在绿带顶端留一小块绿地，在这一小块绿地上可以种植低矮植物或花卉草地。

人行横道线在分车绿带中间某处通过，在行人穿行的地方不能种植绿篱及灌木，可以种植落叶乔木。

● 分车绿带一侧靠近快车道。分车绿带一侧靠近快车道，因此公共交通车辆的中途停靠站都设在分车带（见图1-15）。车站的长度一般为30m左右，在这个范围内一般不能种灌木、花卉，可种植乔木，以便夏季为等车乘客提供树荫。当分车绿带宽5m以上时，不影响乘客候车的情况下，可以种植少量绿篱和灌木，并设矮栏杆保护树木。

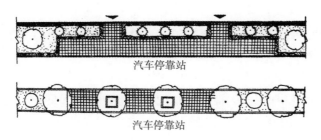

汽车停靠站

汽车停靠站

图1-15　分车绿带与汽车停靠站关系示意图

总的来说，分车绿带设计要因地制宜，要考虑道路在城市规划中所处的位置以及周围建筑的特色，精心设计，以达到组织交通、美化城市、改善环境的作用。

3）路侧绿带设计。路侧绿带包括基础绿带、防护绿带、花园林荫路、街头休息绿地等。当街道具有一定的宽度，人行道绿带也就相应地较宽。人行道绿带除了布置行道树外，还有一定宽度的地方可供绿化，这就是防护绿带。若绿化带与建筑相连，则称为基础绿带。一般防护绿带宽度小于5m时，均称为基础绿带，宽度大于10m以上的，可以布置成花园林荫路。

● 防护绿带和基础绿带设计。防护绿带宽度在2.5m以上时，可考虑种一行乔木和一行灌木；宽度大于6m时可考虑种植两行乔木，或将大、小乔木，灌木以复层方式种植；宽度在10m以上可以采取多样化种植方式。

基础绿带的主要作用是为了保护建筑内部的环境以及人的活动不受外界影响。基础绿带内可种灌木、绿篱以及攀缘植物以美化建筑物。种植时一定要保证种植物与建筑物的最小距离，保证室内的通风与采光。

从车行道边缘至建筑红线之间的绿化地段统称为人行道绿化带。人行道绿带的设计要考虑绿带宽度、减弱噪声、减尘及街景等因素，还应综合考虑园林艺术与建筑艺术的统一，可分为规则式、自然式以及混合式。人行道绿带是一条狭长的绿地，为了不遮挡行驶车辆中人的视线，能够看清行人和路侧建筑，一般人行道绿化带株距不小于树冠直径的2倍。人行道绿化带下面往往铺设了许多与道路平行的管线，在管线之间要留出种植树木的位置。因此，人行道绿化带的种植设计由其宽度决定。由于种种条件限制，成行成排种植乔木和灌木成为行道树绿带的主要形式。当管线影响不大时，宽度在2.5m以上的绿带，可种植一行乔木和一行灌木；宽度在6m以上，则可以种植两行乔木，或采用乔灌草复层方式；宽度在10m以上，设计可以多样化，甚至布置花园林荫道的形式。人行道绿化带的变化主要体现在乔灌木的搭配，前后层次的处理和孤植与丛植交替种植的韵律上。为了使街道绿化整齐统一，同时具备自由活泼的特点，人行道绿带的设计以采用规则与自然相结合的形式最为理想。

● 街头休息绿地设计。在城市干道旁供居民短时间休息用的小块绿地称为街头休息绿地。它主要指沿街的一些较集中的绿化地段，常常布置成花园的形式，又称小游园。街头休息绿地以植物为主，乔灌草复层结构营造层次丰富、季相优美的植物景观，同时设置园路、场地及少量的设施和建筑可供附近居民和行人做短时间休息。绿地面积多数在1hm²以下，有些只有几十平方米。街头休息绿地不拘形式，只要街道旁有一定面积的空地均可开辟为街头休息绿地，因此在城市绿地不足的情况下，常使用街头休息绿地补充城市绿地不足。旧城改造时，在稠密的建筑群中要求开辟集中的大面积绿地十分困难，发展街头休息绿地不失为一个好的解决办法。

街头休息绿地大多地势平坦，平面形式各种各样，面积大小相差悬殊，周围环境各不相同。按布置形式分为以下四种类型：规则对称式、规则不对称式、自然式、混合式。具体布置形式要根据绿地面积大小、轮廓形状、周围建筑物环境性质、附近居民情况和管理水平等因素来选择。

规则对称式街头绿地有明显的中轴线，呈规则的几何图形，如正方形、长方形、圆形、多边形等。外观比较整齐，与周边环境较为协调，如果规则对称的布局结构处理不当则会显得呆板乏味。

规则不对称式街头绿地没有明显的轴线，外观整齐，内部空间划分均衡协调。

自然式街头绿地则是借用古典园林造园手法，道路多采用曲线形，植物种植也以自然式为主，三五成丛，易于结合起伏的地形，营造活泼舒适的自然环境。

混合式街头绿地则是将规则式和自然式结合使用设计而成，兼具二者的优点，布置灵活，内容丰富。设计时注意处理好联系空间的自然过渡，总体格局要协调，不可杂乱。

街头休息绿地的设计内容包括出入口、组织空间、设计园路、场地、选择安放设施、种植设计。

以休息为主的街头绿地中道路场地占总面积的30%~40%，以活动为主的街头绿地中道路场地占60%~70%。

植物的选择要按照街道绿化树种的要求来选择骨干树种。种植形式可多样统一，要重点装饰出入口及场地周围、道路转折处。另外，街头休息绿地是道路绿化的延伸部分，与街道绿化密切相关，所以它的种植设计要求与道路种植设计密切相关。为了减少街道上噪声、尘土对绿地环境的不良影响，最好在临街一侧种植绿篱、灌木起分隔作用，但要留出几条透视线，以便让行人在街道上能望到绿地中的景色和从绿地中借景。

街头休息绿地中的设施包括栏杆、花架、景墙、桌椅座凳、廊架、儿童游戏设施和小型建筑物、水池、山石等。根据绿地所处的位置决定这些设施的安放。

● 花园林荫路设计。花园林荫路是指那些与道路平行且具有一定宽度的游憩设施的带状绿地（见图1-16）。花园林荫路即是带状街头休息绿地。在建筑密集、缺少绿地的情况下，花园林荫路可以弥补城市绿地分布不均的缺陷。

图1-16 花园林荫路立面轮廓外高内低示意图

花园林荫路在街道平面上的位置有三种：① 布置在街道中间；② 布置在街道一侧；③ 布置在街道两侧。

花园林荫路的设计要保证林荫路内有一个宁静、卫生、安全的环境，以供游人散步、休息，在它与车行道相邻的一侧要用浓密的植篱和乔木组共同组成屏障，与车行道隔开。为方便行人出入，一般间隔75~100m应设一个出入口，在有特殊需要的地方可增设出入口。花园林荫路中的适当地段结合周围环境开辟各种场地，设置必要的园林设施，为行人和附近居民做短时间休息用。林荫路的尽端，往往与城市广场或主要干道交叉口联系，是城市广场构图的组成部分，应特别注意艺术处理。

花园林荫路内部其他内容设施与街头休息绿地相似，只是空间更为狭长，应注意开合收放等韵律变化。林荫路内道路及广场的面积可占25%~35%。

（2）交叉路口、交通岛绿地

两条或两条以上道路相交的"点"即为交叉路口。在进行交叉路口种植设计时，要注意观察周围地形特点、环境情况，尤其是确定"安全视距"的范围。为保证行车安全，在道路交叉口必须为司机留出一定的安全视距，使司机在这段距离内能看到对面开来的车辆，并有充分刹车和停车的时间而不至于发生事故。这种从发觉对方汽车立即刹车而能够停车的距离称为"安全视距"或"停车视距"，这个视距主要与车速有关（见表1-4）。根据相交道路所选用的停车视距，可在交叉口平面上绘制出一个三角形，称之为"视距三角形"（见图1-17），在视距三角形范围内，不能有阻碍视线的物体如建筑物、广告牌、构筑物、标识牌、植物等。如在此三角形内设置绿地，则植物的高度不得超过小轿车司机的视高，即小于0.7m，因此在此区域适合使用低矮灌木或草本花卉。

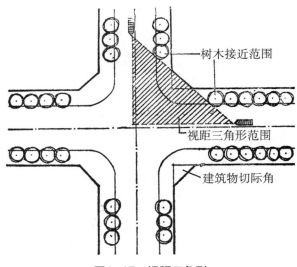

图1-17 视距三角形

表1-4	车速对视距的影响
通过路口设计车速/（km/h）	停车视距/m
15	17.0
20	23.0
25	30.0
30	38.0
35	47.0
40	57.0

交通岛俗称转盘。设在道路交叉口处，主要为组织环形交通，使驶入交叉口的车辆一律绕岛做逆时针单向行驶。一般设计为圆形，其直径大小必须保证车辆能按一定速度以交织方式行驶。由于受到环岛上交织能力的限制，交通岛多设在车流量较大的主干道或具有大量非机动车交通、行人众多的交叉口。目前我国大中城市所用的圆形中心岛直径为40~60m，一般城镇的中心岛直径也不能小于20m。中心岛不能布置成供行人休息用的小游园或吸引人的地面装饰物，常以嵌花草皮花坛为主或以低矮的常绿灌木组成模纹花坛，忌用常绿乔木以免影响视线。中心岛比较简单，必须封闭（见图1-18、图1-19）。

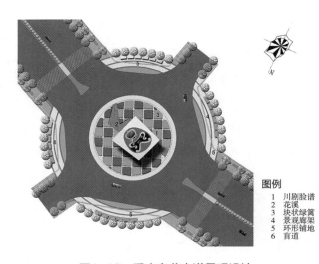

图1-18 重庆盘龙大道景观设计
"变革的火"交通岛节点平面图

图例
1 川剧脸谱
2 花溪
3 块状绿篱
4 景观廊架
5 环形铺地
6 盲道

图1-19　"变革的火"交通岛效果图

1.4　城市道路人行道铺装设计

人行道是城市道路网中仅次于车行道的重要组成部分，是专门用于集散人流、供步行者通行并限制机动车交通混入的道路。人行道常设置于车行道两侧，其宽度和铺装水平对于保证车行道交通流畅与步行者行走安全极为重要。

人行道是步行者的通道，与人群关系密切，对美观与功能都有极高的要求。总的来说，人行道铺装的基本要求是能够提供有一定强度、耐磨、防滑、舒适、美观的路面。在潮湿的天气能防滑，便于排水；有坡之处即使在恶劣气候条件下也安全，同时造价低廉；具有方向感与方位感，有明确的边界；有合适的色彩、尺度与质感。色彩要考虑当地气候与周围环境；尺度应与人行道宽度、所在地区位置相适应；质感要注意场地的大小，大面积的可采用粗质感，小面积的要考虑精细处理（见图1-20、图1-21）。

图1-20　国外某人行道对比色方形铺装

图1-21　暖色调人行道铺装

1.4.1 人行道铺装设计原则

（1）便易性原则

这是基本要求。人行道布置确定以后，要提供舒适、美观的路面供人们行走。

（2）安全性原则

要做到使路面无论是在干燥还是潮湿的条件下都同样防滑。斜坡和排水坡不应太陡，以免行人在突然遇到紧急情况或在黑暗时发生危险。

（3）生态性原则

尽量设计成透水性铺装，便于雨水的循环利用以及减少地表径流的冲刷。

（4）经济性原则

选用不同路面时应记住的要点是，景观设施的真正造价是初始成本加上维护费用。草地和碎石铺装较混凝土价格价廉，但使用强度大的地区维护费用较高，反而得不偿失。

（5）实用性原则

包括色彩、尺度、质感。设计者在使用混凝土铺装时可能遇到的主要问题是，怎样能做到既不暗淡到令人烦闷，又不鲜明到俗不可耐。使用彩色水泥时要十分小心，常常在色调、浓淡、质感方面略有变化，就会产生极不相同的外观效果。在有些场合，用强烈对比和鲜明的色彩并不合适。色彩或质感的变化，只有在反映功能的区别时才可使用。例如，用于引导步行路线的标志，或鼓励行人走某一特定方向。

设计路面图案时，必须考虑从哪些有利的视点可以看到这个路面，是仅仅从地面上看，还是从周围高楼上看，图案应该是有意义的，并能吸引所有的观赏者。

1.4.2 人行道铺装材料与设计

人行道设置于车行道两侧时，不同等级的道路还会对其功能、景观设计和铺装材料提出不同的要求。具体可分为快速路与主干路等交通性道路的人行道，次干道与支路等生活性道路的人行道两类。

（1）交通性道路人行道铺装设计

1）道路特性。交通性道路是以满足交通运输为主要功能的道路，承担城市主要的交通流量及对外交通的联系。其特点为车速高、车辆多、车行道宽、道路线性要符合快速行车的要求、道路两旁要求避免布置吸引大量人流的公共建筑及设施。

2）铺砖材料的选择。这类道路的人行道上行人数量较少，道路景观的观赏者主要在行进的车辆中。铺装材料一般选择砌块类材料，留有较大的拼缝间距，以产生较大的尺度感。

3）铺装设计。为适应快速行进的观赏者，这类人行道铺装在设计时，一般构形较为简洁，色彩不宜太复杂。设计手法上常采用大尺度的重复构图，让铺装具有节奏感，使人产生快走的感觉（见图1-22、图1-23）。

（2）生活性道路人行道铺装设计

1）道路特性。生活性道路是以满足城市生活性交通要求为主要功能的道路，主要为城市居民购物、社交、游憩等活动服务，以步行和自行车交通为主，机动交通较少。

2）铺装材料的选择。此类道路是居民日常生活的主要场所，是人流最集中的地区，也是人们

图1-22 人行道红黄二色间隔设计　　　　　图1-23 纯色人行道铺装设计

停留时间最长的街道空间，因此应该选择防滑性、透水性和弹性皆优的铺装材料，为人们提供方便行走、不易滑倒和摔绊、不易疲劳的舒适路面。一般采用混凝土砌块砖、花岗岩、青石板、砖砌块等砌块类铺装材料，应避免使用釉面砖、镜面花岗岩等防滑性能较差的铺装材料。

3）铺装设计。生活性道路的人行道铺装除满足以上功能要求外，还需满足步行者精神上的要求，因此步行者的视觉美感是铺装设计的一个重要要求。赏心悦目的铺装景观可以使行走变得轻松愉快，因此铺装设计还应注意以下几个方面的内容。

● 尺度、色彩和构形。在尺度上一般要求铺装设计采用人体尺度或小尺度，给人以亲切感、舒适感，对于较宽的人行道，可通过图案的间隔、线条的划分降低尺度感，吸引更多的人驻足。

色彩设计应该丰富多彩，同时要注意与周围环境相协调。

构形多采用重复形式，给步行赋予节奏感。

● 增加铺装景观的可观赏性和可读性。在生活性道路人行道的铺装上加强铺装图案的细部设计，增加景观的文化内涵，可以满足人们在行进过程中对街道景观的品评、联想、回味。通过细部设计使路面高度信息化，会使行人更容易明白所在场所的情况。

● 以人为本。营造人性化的步行空间是进行铺装设计的最终目标。为了充分体现"以人为本"的设计原则，在铺装设计中要注意满足各类人群的要求。例如"一路两用"，在一条人行道上采用两种不同的铺装形式，外侧采用直线形或大尺度构图的步道为快速通过的行人设计；内侧采用曲线形或小尺度构图的步道为休闲散步者设计。既满足了必要性步行活动的要求，又使自发性和社会性步行活动的发生有了可能。

● 增强安全感。可采用错层的方式对人行空间和车行空间进行有效的界定，即让人行道和车行道不在同一高度上。当道路狭窄时，为增强空间的开敞性，可将车行道与人行道设置在同一高度上，这时可以通过改变铺装材料、色彩，配合限定高度的隔离设施进行有效的空间界定，以增强行人的安全感。

知识拓展

（1）城市环城快速路种植设计

城市环城快速路一般离居民区较远，常穿过农田、山林。城市环城快速路绿化的目的在于美化道路、防风、防尘，并满足行人的蔽荫要求。一般没有复杂的管线设施，人为损伤较少，绿化可以结合生产或防护林带，节省土地，便于管理。

道路结构由路床和边沟组成。城市环城快速路绿化应根据等级、宽度等因素确定树木的种植位置及绿带的宽度。该道路绿化有以下几个要点（见图1-24）。

1）路面宽度≤9m时，树木不能种在路肩上。路面宽度＞9m时，可距路面0.5m以上种树，也可种于边坡上。

2）在交叉口处必须留足安全视距，弯道内侧只能种植低矮灌木和地被。在桥梁、涵洞等构筑物附近5m内不能种树。

3）由于城市环城快速路较长，为了有利于司机的视觉和心理状况，避免病虫害大面积感染，丰富景色变化，一般2~3km或利用地形的转换变换树种，树种以乡土树种、病虫害少为佳，布置方式可采用乔灌木结合。

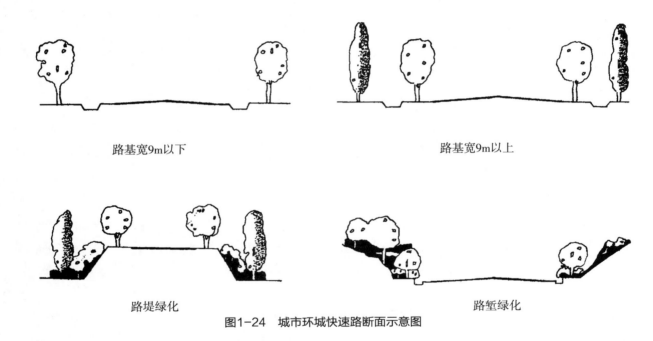

路基宽9m以下　　　　　　　　　　　　　　　路基宽9m以上

路堤绿化　　　　　　　　　　　　　　　路堑绿化

图1-24　城市环城快速路断面示意图

（2）城市道路立交桥绿化设计

立体交叉主要分为两大类，简单立体交叉和复杂立体交叉，其中简单立体交叉是指纵横两条道路在交叉点互不相通，一般难以形成绿地，只能是简单的行道树的延续。复杂立体交叉又称为互通式立体交叉，常使用苜蓿叶式的平面形式（见图1-25），形成两个不同平面的车流通过匝道连通，还有半苜蓿叶、环道等多种平面形式。一般由主、次干道和匝道组成，匝道是供车辆左、右转弯，把车流导向主、次干道的。为了保证车辆安全和保持规定的转弯半径，匝道和主次干道之间就形成了几块面积较大的空地，作为绿化用地则称为绿岛。此外，从立体交叉的外围到建筑红线的整个地段，除根据城市规划安排市政设施外，都应该充分绿化起来，这些绿地可称为外围绿地。

绿化布置要服从立体交叉的功能，使司机有足够的安全视距，因此在立体进出道口和准备会车的地段及立体匝道内侧道路有平曲线的地段不宜种植遮挡视线的树木，可种植绿篱或灌木等。其高度也不能超过司机的视高，以便司机能通视前方的车辆。在弯道外侧，植物应连续种植，视线要封闭，不使视线涣散，并预示道路方向与曲率，有利于行车安全（见图1-26）。

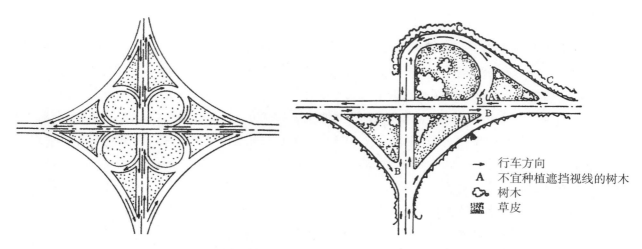

图1-25　苜蓿叶式立体交叉平面示意图　　　　图1-26　立交桥绿化布置示意图

在立交桥栏杆上、街道中间的隔离栏杆上悬挂吊篮、花槽，可以充分展示花卉立体装饰的效果，植物景观打破钢筋混凝土的冷硬线条，为城市景观增添自然韵味。

绿岛是立体交叉中面积比较大的绿化地段，一般应种植开阔的草坪，草坪上点缀有较高观赏价值的常绿植物和花灌木，也可以种植观叶植物组成的纹样色带和宿根花卉。有的立体交叉还利用立交桥下的空间，设置小型的服务设施。如果绿岛面积较大，在不影响交通安全的前提下，可按街心花园的形式进行布置，设置园路、花坛、座椅等。

立体交叉的绿岛处在不同高度的主次干道之间往往有较大的坡度，这对绿化十分不利。可设置挡土墙减缓绿地的坡度，一般不超过5%，此外，绿岛内还需装喷灌设施。

在进行立体交叉绿化地段设计时，要充分考虑周围的建筑物、道路、路灯、地下设施和地下各种管线的关系，做到地上地下合理安排，才能取得较好的绿化效果。

外围绿地的树种选择和种植方式，要和道路伸展方向的绿化结合起来考虑。立交和建筑红线之间的空地，可根据附近建筑物性质进行布置。

（3）高速公路绿化设计

高速公路不同于一般公路，一般有4个以上的车道和中央分隔带，设立体交叉并控制出入，还有安全防护设施，是专供快速车辆（80~120km/h）行驶的现代化公路。

高速公路绿地范围限于公路用地范围内进行绿化。绿化的目的在于通过绿化缓解因高速公路施工、运营给沿线地区带来的各种影响，保护环境，并通过绿化提高交通安全和舒适性。高速公路绿化设计必须结合当地实际情况，合理确定绿化范围和树种。绿化设计范围为高速公路沿线、互通式立交区、服务区等。

高速公路绿地规划的基本原则是"安全驾驶、美化、环境保护、管理方便"，一般以此确定绿化栽植的形式和规模；尽量做到点、线、面兼顾，整体统一，与沿线环境防护林、天然林相结合、相协调，在规划设计时注意整体性和节奏感；应满足交通要求，保证安全，使司机视线通畅，通过绿化栽植改善视觉环境，如诱导栽植、过渡栽植、防眩栽植、遮蔽栽植、标示栽植、隔离栽植等；植物选择方面则应具有较强的抗污染能力、生长快，根系发达、稳定边坡能力强、抗病虫害能力强、耐贫瘠、易管理等。

高速公路的横断面包括行车道、中央隔离带、路肩、边坡和路旁安全地带等。隔离带一般宽4.5m以上，可种植花灌木、草皮、绿篱和矮的整形的常绿树；以形成间接、整齐有序和明快的配置效果为主，因高速公路路况环境多有变化，隔离带的种植亦可因地制宜做分段变化处理，丰富路景和有利于消除视觉疲劳。较宽的隔离带内还可以种植一些自然的树丛。一般不种成行的乔木，因为树投射到车道上的斑驳的树影会影响高速行进中司机的视力。为保证安全，高速公路不允许行人穿过，隔离带内必须装喷灌或滴灌设施，采用自动或遥控装置。路肩是被作为故障停车使用，一般3.5m以上，不能种植树木。在外侧边坡及路旁安全地带可种植树木、花卉和绿篱，但要注意大乔木距路面应有足够的距离，不能让树影投射到车道上。同时高速公路边坡较陡，在护坡上应种植草坪或耐贫瘠、耐干旱、生长强壮的小灌木或小乔木等固土护坡，如紫穗槐、火炬树等。

高速公路两侧一般要留出20~30m的安全防护地带，种植防污染林带，以此防止高速公路在穿越市区、学校、居住区等噪声和尾气污染。在通过风大或多雪的道路沿线，则种植防风防护林带。无论是哪一种防护林带，都应注意采用乔、灌、草结合的方式，形成由高到低的林型，加强防护作用同时不阻碍行车视线。

高速公路的平面线性有一定要求，一般直线距离不应大于24km，在直线下坡拐弯的路段应在外侧种植树木，以增加司机的安全感，并可诱导视线。

高速公路上一般每50km左右设置一休息站也称服务区，供司机和乘客休息，满足车辆维修和加油的需要。服务区包括减速道、加速道、停车场、加油站、汽车修理厂及餐饮店、小卖店、厕所等服务设施。服务区的绿化必须配合各种设施进行。根据服务区的规划结构形式，充分利用自然地形和现状，合理组织，统一规划；以植物造景为主，适地适树，经济适用；可用花坛、树池将场地划分出不同的车辆停放处，采用冠大荫浓的乔木布置停车场，并利用花草树木隔离外界交通干扰，创造优美安静的环境。餐饮、小卖部内视线所及处的绿化应做重点美化处理，绿化应与建筑色彩、造型相协调。

项目案例分析

——典型案例

1. 河北省秦皇岛市鸽赤路绿地景观设计

鸽赤路周围以疗养区、风景区为主，人流量大，因此规划考虑做成一条特色休闲路。沿道路开辟带状公共游憩绿地。植物材料选用油松、栾树、合欢、紫叶李、天目琼花、金银木、紫薇、黄刺玫、大叶黄杨、沙地柏，一、二年生草花及宿根花卉等。在公共游憩绿地内设置亭、廊、花架、雕塑等（见图1-27）。

2. 北京市三元立交桥景观设计

三元立交桥位于北京市东三环路与机场路、京顺路相交处，是由两条主干道和一条快速路相交，苜蓿叶形组合式立交。全部占地20余万m²，其中绿化面积7万m²（包括东西花园绿化面积2.4万m²）。由匝道和道路分割成大小十几块绿地，其中以东南两块三角形绿地较大。每块三角形绿地中心为花坛，四周松散的种植白皮松、黄杨球，片植丰花月季等花灌木。沿机场路西南与东北方向的两块条状绿地与道路绿化相结合，内部设置廊架、水池和花坛，形成小游园布局。其他条状绿地均有节奏地种植白皮松、黄杨球等，在重点处种植了大规格的油松和成丛花灌木。整体绿化景观变化丰富、开朗明快，有很强的装饰效果（见图1-28、图1-29）。

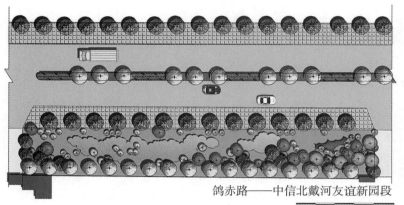

图例	中文名	拉丁名
⬤	油松	*Pinus tabulaeformis*
⬤	栾树	*Koelrenteria Paniculata*
⬤	合欢	*Albizzia julibrissn*
⬤	紫叶李	*Prunus ceraifera cv. pissardii*
⬤	金银木	*Lonicera maackii*
⬤	天目琼花	*Viburnum sargentii*
⬤	紫薇	*Lagerstroemia indica*
⬤	黄刺玫	*Rosa xanthina*
▦	大叶黄杨	*Euonymus japonicus*
▦	沙地柏	*Sabina vulgaris*
▦	草花	

鸽赤路——中信北戴河友谊新园段

0   10   25m

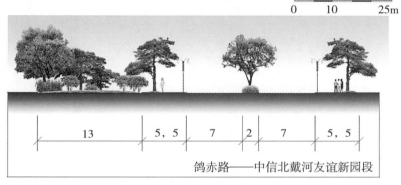

13   5, 5   7   2   7   5, 5

鸽赤路——中信北戴河友谊新园段

图1-27　鸽赤路道路绿化图

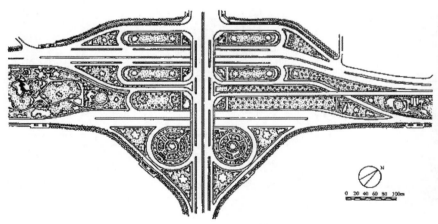

0 20 40 60 80 100m

图1-28　北京三元立交桥景观设计平面图　　　　图1-29　北京三元立交桥实景

3. 郑州市花园路与北环路交叉口立交桥景观设计（见图1-30）

图1-30 花园路与北环路交叉口立交桥全景鸟瞰

——学生作品

郑州市郑东新区祭城路河南职业技术学院段景观设计

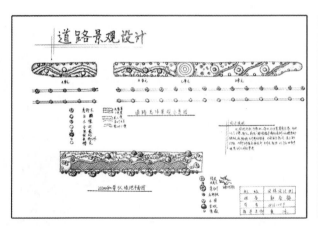

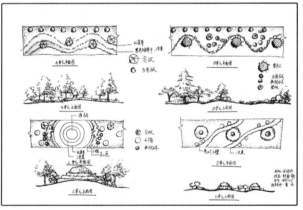

园林设计08级 郭春梅

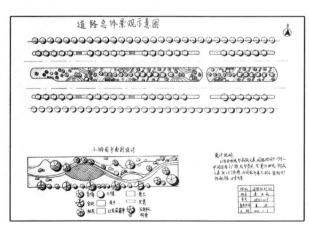

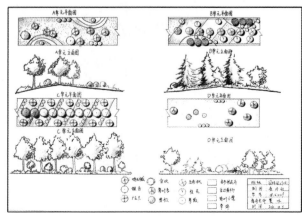

园林设计08级 秦丹丽

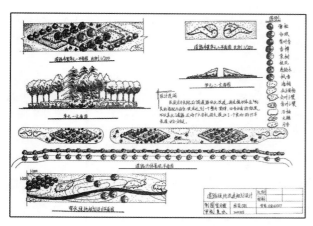

园林设计08级　崔月霞

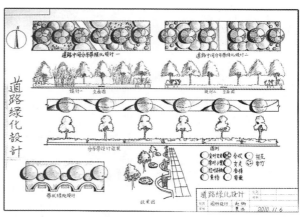

园林设计08级　程　良

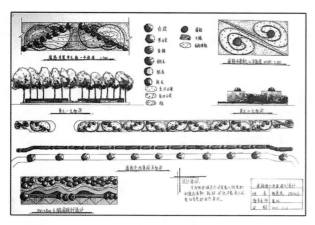

园林设计08级　商盈盈

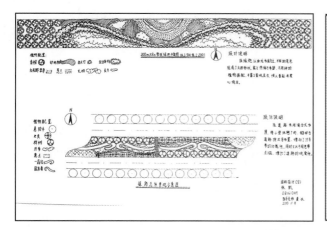

园林设计08级　赵　楠

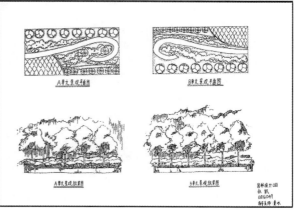

园林设计08级　张　凯

项目训练

——**项目任务 某城市道路景观设计**

华北地区某城市道路设计标段总长1000m，宽60m，中央分车带宽8m，快车道两侧各宽17m，次分车带各宽2m，慢车道各宽7m（平面图如下所示），要求对其进行道路景观设计。设计要求在满足道路绿化基本要求的同时，合理选择植物种类，营造富于地区特色的道路景观。

——**项目设计过程**

设计实例和工程实例解读—设计项目综合分析—设计定位—设计形式确定—草图—修改—方案定稿—成套方案设计。

——**项目设计要求**

手绘或电脑作图；设计成果有设计说明、平面图、正立面图、横向剖面图、植物种植详图。

某城市道路平面示意图

项目 **2** 庭院设计

项目内容 本单元内容旨在使学生了解庭院的概念、内涵、功能、作用，了解庭院设计的原则，熟悉世界不同地区的庭院风格，了解历史上的庭院，熟悉庭院中的景观要素，掌握庭院设计风格、形式、定位依据，掌握庭院设计的步骤方法，能够完成一个别墅庭院的方案设计和部分详细设计。

2.1 庭院概述

2.1.1 庭院的含义

庭院可以理解为院落空间。宋本《玉篇》中说："庭者，堂阶前也"，即堂阶前的地坪；"院者，周坦也"，房屋四周、围墙里的空地，即院子。可以理解为：庭院乃用墙围合的堂前空间，这里是由外界进入厅堂的过渡空间，有植物、石景、小路等。

我国著名造园家陈植先生在其著作《中国造园史》中论及庭院："庭园为附属于建筑物之园之总称"，"庭园所有制不限于私有，亦有公有。宅园、园宅、草堂、别墅等属于私有；而校园、署园、公寓园等则为公有"。

从空间构成上，现代人们通常将庭院和庭园划分为两个概念，建筑物（包括亭廊楼等园林建筑）周围尺度较大，更偏于花园的称之为庭园（见图2-1），比如江南私家园林、现代别墅、公共建筑及其花园式的环境；而被建筑物包围，与建筑关系更为紧密的小尺度的院子称之为庭院（图2-2），比如北京的四合院，以及公共建筑内部围合严密的空间等。

庭园更侧重于园的成分，绿地、植物比重较大，庭院则强调其围合感和私密性。比较起来，庭院可以是庭园的一部分，空间比较封闭，尺度有限，但其空间感和安全感更强，也可以接天通地、融合自然，它是建筑功能的延伸和补充，建筑、庭、园的存在使得人们活动的空间层次和空间类型多样化和丰富化，使得人们居住、工作、社交、休憩等活动更加惬意和舒适。

当代日常生活中，人们往往把庭院与庭园混同使用，也用来指传统的园林。庭、园、院虽然各有相对独立的含义，但在现代设计中往往互换使用。由此可知，现在人们所谈及的庭院是一个笼统概念，可以从以下几个层面进行认识：一是指传统造园的一个具体概念，如历史上遗留下来的众多私家园林；二是指居住建筑之外、院墙之内的外部空间；三是指校园、公共建筑的中庭、办公空间附属的室外园林等公有性质的空间与形态；四是从居住人群而言，庭院可被理解为供特定家庭使用的院落，是人类聚居环境的基本单位。在此，庭院主要讨论的是供特定人群生活、工作、休息使用的与建筑联系密切的建筑外部空间。

图2-1 苏州博物馆庭园一角　　　　　　　　图2-2 康百万庄园内的一处庭院

本书中统一使用庭院一词，但其内容涵盖了庭院和庭园两种类型的空间设计，包括独栋别墅院落或联排别墅院落、住宅区中位于建筑一层购买或赠送的花园，或者学校、企事业单位公共建筑中通过建筑围合起来的一方小天地、历届园艺博览会和绿化博览会中的每个小园（见图2-3）。

图2-3　a）某别墅庭院　b）某单位庭院空间　c）某高校建筑中庭　d）郑州绿博园中的青岛园　e）某公司庭院
　　　f）某酒店中庭

　　传统的庭院四周有墙体围合，形成比较私密的空间，它的尺度以堂的大小决定。起初庭院只由四周的墙体界定，后来围合方式逐渐演变成以建筑、墙、柱廊或绿篱等方式为界面。形成一个对内开放对外封闭的、内向型的空间,如大量的江南古典私家园林(见图2-4)。

现代庭院则主要服务于周围建筑,是建筑空间的延续,适应了当代人们社会交往、休闲、休憩的要求。当代庭院空间尺度较小,承载的物种也较少,使得庭院景观更多的是指美学意义上的一个概念,即庭院内风景构成。

图2-4　苏州市拙政园模型,依靠建筑围合,庭、园、院聚散有致

对庭院的理解,从空间上可以这么认为:庭院是指除了居住建筑之外的园子或中庭,或者是居住建筑和其外部环境组成的一个院落,是相对独立的庭院单元,是家庭或家族、公司职员、单位员工、学校师生等特定人群居住、工作、生活环境的外化形式。

庭院设计内容包括:铺地、地形、园林建筑、水景、花坛、园林植物、建筑立体绿化等。

2.1.2　庭院功能与作用

庭院是一种内向的空间,私密性强,有很好的空间过渡,是建筑功能空间的外在延伸,随着庭院承担的功能、位置和意境不同,庭院在建筑中或建筑群中的位置不同,庭院本身也有它特定的称谓如"中庭""前庭""后院"等。

庭院主要功能是为主人提供室外活动、休憩、锻炼、游赏的一个优美空间,或者通过托物言志来寄托主人的理想。

2.2 庭院景观设计的原则

2.2.1 与建筑风格一致的原则

在园林设计中，统一法则在一切形式美法则和艺术中都是首要的，统一从大到小或者说从整体到部分可分为风格、形式、功能、线条、材料、质地、色彩等方面的统一，其中风格的统一又是首位的。具体来说，欧式的建筑要配欧式庭院景观，中式建筑要配中式庭院景观，古典建筑要配古典风格的庭院景观，现代建筑要配现代建筑庭院景观。

下面列举一些典型的例子来说明风格的统一，如经典的中国古典园林网师园，山、水、建筑、植物四种园林要素高度融合，中国传统文化和艺术的表达淋漓尽致；日本的枯山水庭院通过白砂铺地、石头组团、苔藓、少量的绿植来表达高度凝练的日本岛国形象，充满禅意，引人静思（见图2-5）。

a）　　　　　　　　　　　　　　　　b）

图2-5　a）中国古典园林网师园主庭院　b）日本古代龙安寺方丈庭院

欧式庭院多是规则式，平静的水池平于地面，地面用石材或瓷砖铺贴的典雅、洁净，上面摆放一张欧式长形餐桌，周边是多种草花成簇的组合栽植，充满了浓郁的现代气息（见图2-6）。

a）　　　　　　　　　　　　　　　　b）

图2-6　a）欧式别墅庭院　b）现代办公空间内庭院

进入21世纪以来，我国城市建设发展的速度可谓一日千里，在量和质方面都有了很大的发展和创新，"新中式"风格便是近年兴起的，其风格保留了传统风格的黑白、青灰的主色调，在构图上更为现代，玻璃、金属、防腐木等现代材料应用较多，石材的切割和打磨也更现代，是对传统风格的继承和发扬（见图2-7）。

a）   b）

图2-7 新中式风格庭院（建筑及小品、铺地以灰色调为主，构图现代）

2.2.2 私密性原则

私家庭院服务于主人及其家人、朋友，公共庭院服务于公共建筑内工作及相关人员，都要求其有较高的私密性，从空间角度来说就是其围合感强，这样的空间可以给予其中休憩、交谈的人更大的安全感，人们可以放松身心，心灵更加自由和舒畅。

2.2.3 休闲性原则

庭院的主要功能是休憩、休闲，设计时考虑休闲的场地和设施，如桌椅、沙发、秋千，带有座椅的亭子、花架等。设施以外，还要有怡人的景色，比如青翠的植物形成的背景，姹紫嫣红花卉的点缀，宁静的水池，陶钵、瓦罐、石头等装饰品，加之优美的背景音乐，晚上迷人朦胧的灯光，这些都为工作之余放松身心提供了帮助。

2.3 庭院的风格

庭院是建筑和园林中的一个类型，其风格与一个国家、地区的某一时代的建筑和园林风格一致。众所周知，世界古代园林有东方、欧洲、西亚三大系统。地域、文化、传统、气候、民族等的不同也造成了东西方园林发展的不同，即使在东方，中国、日本的园林发展也都带有自己民族的特点。随着世界经济的高速发展，科技日益发达，地球已向"地球村"发展，文化交流和融合也愈演愈烈。在园林设计行业，也有着趋同的趋势，一些大的设计公司开始在世界范围内为各国造园进行设计，在为不同的国家地区进行设计的时候，风格的定位和文化的发掘都是首位的。风格的形成，无疑跟历史发展有着千丝万缕的联系，下面就从历史和地域的不同来阐述不同风格的庭院。

2.3.1 中国古典私家庭院

中国古典私家庭院以江南私家园林为代表，如苏州的拙政园、留园、狮子林、网师园、沧浪亭、环秀山庄、怡园、耦园等，上海的豫园、扬州的个园、无锡的寄畅园等。江南园林所拥有的古典艺术及传统历史文化是任何建筑形式所不能代替的，作为一个完整的设计体系，它采用了诸多的造园手法，如平面的布局、空间的组织、意境的创造等。设计方面的主要特点包括立意与布局、空间序列、空间的延伸、渗透与层次、空间的含蓄、空间的对比五个方面。

（1）立意与布局

在古典造园中，人们通过园林这种形式来表达自身的情感和意义。根据具体的时间与空间特征，真实的景象被转化为概念化的艺术形式。在这个阶段中，道家思想产生了微妙的影响力。清钱泳曾指出："造园如作诗文，必使曲折有法、前后呼应。"强调了中国古典园林更加注重的是追求诗的意境美，除了采用"多方胜境，咫尺山林"的手法之外，还经常借匾联的题词来破题，有助于启发人的联想以加强其感染力。例如，网师园中的待月亭，其横匾曰"月到风来"，而对联则取唐代著名文学家韩愈的诗句"晚年秋将至，长月送风来"，在这里秋至赏月，对景品味匾联，确实可以感到一种盎然的诗意。另外，佛家认为人有眼、耳、鼻、舌、身五根，感受江南园林的意境美不能单靠视觉这一途径来传递信息，而应该综合运用一切可以影响人的感官的因素来获得。

我国古代，长期禁锢在封建宗族的法统之中，使得整个民族逐渐形成一种以内向为主要特征的民族性格，它渗透于人们生活的各个方面，其中最明显的一个方面就是建筑的布局形式，江南私家园林也不例外，如半园、畅园、鹤园，它们的特点是：建筑物、回廊、亭榭等均沿园的周边布置，所有建筑均背朝外而面向内，并由此而形成一个较大、较集中的庭院空间，该空间通常是以水面为中心，其向心和内聚的感觉分外强烈。

（2）空间序列

空间序列组织是关系到园的整体结构和布局的全局性的问题。有人把古典园林比喻为山水画的长卷，意思是指它具有多空间、多视点和连续性变化等特点。例如，苏州的网师园，虽然面积很小，但其空间的变化却非常丰富和复杂，从入口进入后，先是经过主建筑组成的系列封闭的庭院空间，再到围绕中心水体的半开朗游廊空间后进入庭院空间，且这几个空间均有多个位置相通，可以随时在几个空间内自由地穿梭，曲折有致、变化万千、步移景异（见图2-8）。由此看江南园林实际上所采用的是一种综合式的空间序列形式。为了达到以小见大的目的，空间序列也并非是平面展开的。从城市的街道首先进入的是园林的建筑，往往几经

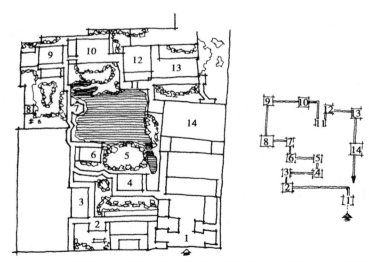

1. 入口 2. 琴室 3. 蹈和馆 4. 小山丛桂轩 5. 云冈 6. 濯缨水阁 7. 月到风来亭 8. 冷泉亭、涵碧泉 9. 殿春簃 10. 看松读画轩 11. 竹外一枝轩 12. 集虚斋 13. 五峰书屋 14. 撷秀楼台

图2-8　苏州网师园建筑群组空间序列安排

曲折才进入园林的主体空间。这是空间上的抑扬顿挫，建筑在这里是一个从城市环境到自然环境的过渡空间，它为豁然开朗打下了基础。

（3）空间的延伸、渗透与层次

空间的延伸对于有限的园林空间获得更为丰富的层次感具有重要的作用，空间的延伸意味着在空间序列的设计上突破场地的物质边界，它有效地丰富了场地与周边环境之间的空间关系，即"流动空间"。江南园林主要通过对空间的分隔与联系的关系处理，古典私家园林的内部空间通常按照功能关系划分区域和院落，其中包含了若干个空间层次和主要景物。主要的构成元素则有山石、水、植物、声音、光线乃至气味。空间的延伸与渗透使得空间分隔用的院墙、影壁、廊桥等与园林的其他部分融为一体。通常借用完全透空门洞、窗口使被分隔的空间相互连通、渗透。

（4）空间的含蓄

由于文化传统与审美趣味的差异。中国人多倾向于取含蓄隐晦的方法使艺术作品引而不发、显而不露，江南园林的造园艺术每每采用欲显而隐或欲露而藏的手法把某些精彩的景观或藏于偏僻幽深之处，或隐于山石、树梢之间，避免开门见山、一览无余。

（5）空间的对比

沈复曾论及园林建造的艺术规律："以小见大，小中见大，虚中有实，实中有虚，或藏或露，或浅或深"，它们在哲学上是对立与统一，互为因果关系，在园林艺术上则是相互对比的关系。江南园林通过一系列的对比手法，在空间上产生变化，以有限面积创造无限空间。

2.3.2 日本庭院

日本庭院受中国文化的影响很深，也可以说是中式庭院一个精巧的微缩版本，细节上的处理是日式庭院最精彩的地方，所以现在在国际上比较流行，对现代庭院的设计产生了积极的影响（见图2-9）。

图2-9　日本枯山水庭院

景观中以一方庭院山水，而容千山万水景象；日本人对自然资源的珍爱可以从他们对任何自然材料的特性挖掘中看到，草是经过疏理精心种在石缝中和山石边的，它要凸显自然生命力的美；树是刻意挑选、修剪过的如同西方艺术的雕塑般有表情含义，置于园中，它是关键，要以一当十。同样一小片薄薄的水面、滴水的声响要勾起你许多想念，石材当然精心挑选，它的形态质感、色彩组合要提炼成神化的山水，不是自然恰似自然的景地，是人对名山大川的向往、是人对自然的向往。太多的人工的痕迹，反倒衬出了浓缩的自然体验，纯净化的景象留下了大片思想的空白，这也就是东方景观的特征。

2.3.3　西方庭院

西方美学思想的精髓是"唯理"，比如公元前6世纪的毕达哥拉斯学派就试图从数量的关系上来寻找美的因素，强调整一、秩序、均衡、对称，推崇圆、椭圆、正方形、矩形、直线等，著名的"黄金分割"就是思考这种关系的结果。罗马时期的维特鲁威在他的论述中也提到了比例、均衡等问题，提出"比例是美的外貌，是组合细部适度的关系"。文艺复兴时的达·芬奇、米开朗基罗等还通过对人体来论证形式美的法则。黑格尔则以"抽象形式的外在美"为命题，对整齐一律、平衡对称、符合规律、和谐等形式美法则进行抽象和概括。于是，形式美在西方便有了相当的普遍性。庭院的建设也遵循了这样的规律，所以西方庭院所体现的是人工美，不仅布局对称、规则、严谨，就连花草都修整得方方正正，从而呈现出一种几何图案美，从现象上看西方造园主要是立足于用人工方法改变其自然状态。庭院结构上主次分明、重点突出，各部分关系明确、肯定，边界和范围一目了然，空间序列段落分明，给人秩序井然和清晰明确的印象（见图2-10）。

图2-10　西方庭院

2.4　庭院设计的形式

2.4.1　规则式庭院设计

规则式庭院表现在整体布局结构上较为对称、整齐，园路铺装、水体、绿地、花坛等的轮廓为方形、长方形、圆形、椭圆形或者几者的分割与组合。整个设计给人以规整、洁净、统一、温馨、舒心的享受（见图2-11）。

2.4.2　自然式庭院设计

自然式庭院在整体布局结构上较自由、多变，园路铺装、水体、绿地、花坛等的轮廓多为曲线组合成的不规则形状。整个设计给人以活泼、灵巧、变化、自然、自由的享受（见图2-12）。

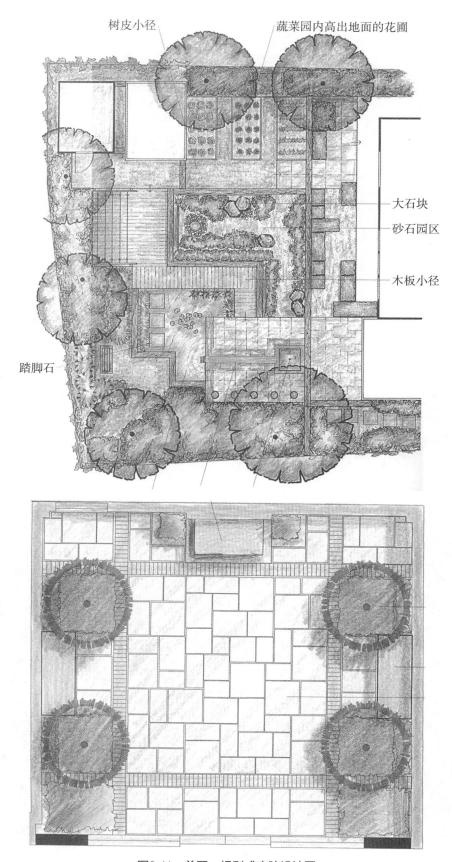

树皮小径
蔬菜园内高出地面的花圃
大石块
砂石园区
木板小径
踏脚石

图2-11 美国一规则式庭院设计图

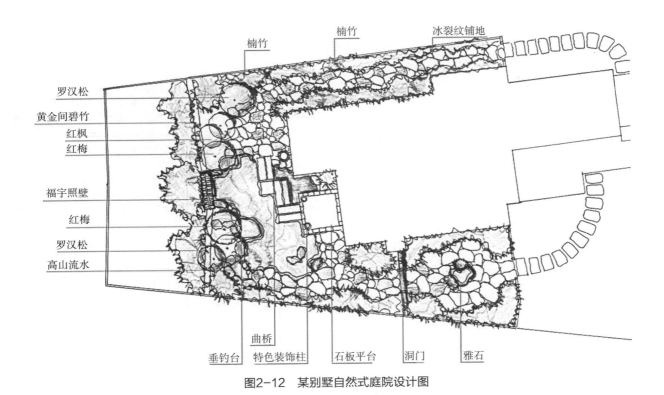

罗汉松
黄金间碧竹
红枫
红梅
福宇照壁
红梅
罗汉松
高山流水

楠竹　楠竹　冰裂纹铺地

垂钓台　特色装饰柱　石板平台　洞门　雅石
曲桥

图2-12　某别墅自然式庭院设计图

2.4.3　混合式庭院设计

混合式庭院是规则和自然的巧妙穿插和结合，园路铺装、水体、绿地、花坛等的轮廓变化丰富。整个设计给人的享受是二者兼有，这也是现代庭院设计的一个主要形式（见图2-13）。

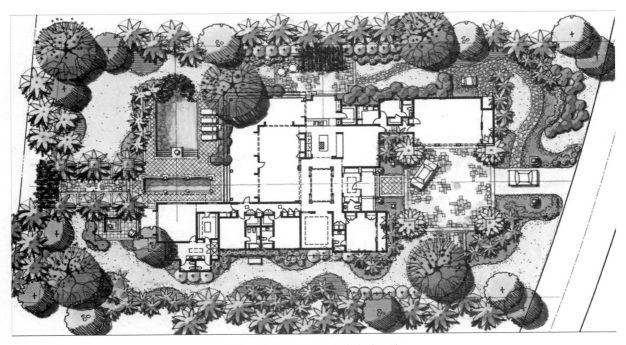

图2-13　某别墅混合式庭院设计

2.5 庭院景观设计

2.5.1 设计的步骤和方法

庭院设计基本上是为少数特定人群服务的，所以设计之前首先要了解主人的意愿和要求，包括其对设计风格、景观要素、功能设施、色彩等方面，其次进行庭院周围环境的综合分析，做到因地制宜。再次进行功能区域的划分、景观要素的布局，最后进行详细的设计。

设计最好是从手绘草图开始，和甲方进行交流和探讨，逐步地推敲方案，方案确定后再进行正式图纸的设计和绘制。

2.5.2 设计定位和布局形式的确定

由于甲方是设计委托人和建设方，也是庭院的使用者，所以设计的定位首先要参考甲方的要求和建议，即所谓"三分匠，七分主人"。如果甲方没有提出明确的和有针对性的意见，设计者即可通过分析甲方庭院的性质、投资意向等，按照自己的设想，遵循"经济实用美观"的原则进行设计。

设计定位可以通过欧式、中式、日式、中西合璧等风格来表达，也可通过古典、现代、新中式等时代风格来表达，也可通过生态、节能、环保、维护方便等方面来表达，也可通过高贵、典雅、富贵、朴素、自然、淡雅等来表达，或者简单地用高、中、低档来表达。

布局形式主要有规则式、自然式、混合式布置。中国和日本古典风格为自然式，西方古代多为规则式，现代风格则可灵活应用。

2.5.3 景观要素的设计

（1）铺地

1）中国古典园林铺地。中国古典园林铺地主要有青砖铺地、石块铺地、碎石铺地、卵石铺地等，通过材料自身的组合排列或者通过与瓦片、碎瓷片、碎玻璃的组合应用，做出很多纹饰和图案，比如青砖做成的席纹、人字纹、十字纹等，或者是碎料排列组合成的"五福添寿""松鹤延年""眼见耄耋"等具有美好期许和寓意的传统图案（见图2-14）。

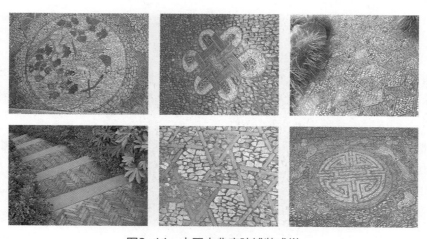

图2-14 中国古典庭院铺装式样

2）日本古代园林铺地。日本古代园林铺地主要以白砂、石块、条石为材料进行散铺或者满铺（见图2-15）。

图2-15　日本古代庭院铺装式样

3）现代园林铺地。在世界范围内，现代园林铺地所用材料、风格、铺设的方法都趋向一致，主要有各式石材、木板、透水砖、烧结砖、瓷砖、彩色混凝土、玻璃等。铺装样式与图案更注重与周围建筑和景观的契合，也更加强调色彩的搭配（见图2-16）。

图2-16　现代庭院常用铺装式样

（2）水体

庭院中的水体多为小型的水池或者溪流，在规则式园林和西式庭院中，水池多为圆形、椭圆形、正方形、矩形或者几者的组合与变化的规则形状，在东方庭院中，水池多为不规则变化的形状，溪流则是在蜿蜒中启承开合（见图2-17）。

规则的水池只是一汪静水，给人以平静、安静的感觉（见图2-18）。自然式水池多采用自然石块做池岸，池中和岸边种植多种水生和湿生植物，水中游鱼细数，一派生机盎然的自然景象。

（3）园林建筑

园林建筑小品主要有亭子、花架、藤架、景墙、院墙、院门等，限于庭院的面积和规模，园林建筑数量不会太多，所以建筑自然也成为构成庭院主景的主要因素。在整个庭院构图中，建筑位于庭院的中心或者周边，但由于体量、高度、色彩的缘故，其往往成为构图中心。

图2-17　自然式庭院水体设计

图2-18　规则式庭院水体实景

1）亭子。根据庭院风格和定位，选用合适的材质和亭子样式。从庭院性质来看，无疑防腐木或其他木结构亭子是庭院亭子的首选材料。亭子风格可分为古典和现代，也可带有一定的地域特色，如北方、江南、闽南、两广、四川等地都有自己的地域特色（见图2-19）。

图2-19　不同风格造型的亭子

2）花架。花架在庭院中主要作为攀缘植物的骨架和支撑，可以供葡萄攀缘成葡萄架，可供紫藤、凌霄花、木香、蔷薇等开花类植物形成名副其实的花架，也可供葫芦、南瓜、丝瓜、苦瓜等攀缘成菜架，架下空间夏季阴凉，形成很好的活动场所（见图2-20）。

图2-20　各式花架

3）景墙。景墙在庭院中起到划分空间、遮挡视线的作用，中国传统院落的影壁即是景墙的一种，且其本身具有一定的观赏性，可与水、植物、石头、装饰品、书法、雕刻等结合形成更富有观赏性和文化内涵的景观（见图2-21）。

图2-21 庭院中景墙实景

4）院墙。庭院通过院墙围合成一个封闭的空间，随着社会文明的发达，院墙不再像我国古代园林处于安全和防卫而建造高大的实墙，所以其高度一般在1~2m，且多虚实结合、形制多变，或墙或栏杆或墙栏结合，有的甚至为篱笆（见图2-22）。

图2-22 庭院围墙实景

5）院门。在现代庭院设计中，院门已经高度园林化，成为庭院景观的第一道风景，最常见的形式为两根柱子，中间一道铁艺或者木艺的大门。柱子多用石材垒砌或石材贴面，上面安装壁灯做装饰，柱子顶可安放花钵或者花架（见图2-23）。

图2-23 庭院大门实景

（4）小品及其他装饰

1）花坛花钵。花坛是庭院种植的一种重要形式，可以用砖、石头砌筑，砖墙上多贴石材、瓷砖，石头砌筑后对缝隙进行凹缝、平缝、凸缝处理。花坛形状多为规则形状，如长方形、正方形、圆形、椭圆形，或是几个通过倒角、组合而成。花坛高度一般在300~500mm之间，边缘可以坐人，放置物品（见图2-24）。

图2-24　庭院中花坛

花钵是庭院立体装饰的重要手法，放置于空地、墙顶、柱顶、入口两侧、水池边等位置，常见材质有陶、花岗岩、砂岩、玻璃钢、防腐木等，其中以陶钵因其古朴自然、造型多变、艺术气息浓厚而被大量采用（见图2-25）。

图2-25　庭院的花钵

2）水景装饰。庭院中的水景装饰形式多种多样，常与石质雕刻、金属雕塑、水钵、假山结合在一起形成动水景观，形式有水帘、水柱、水线、涌泉、瀑布、叠水等（见图2-26）。

图2-26　各式水景装饰

3）景观置石。置石是庭院装饰常用的方法之一。在古代东方园林体系中，置石应用极其普遍，其中有代表性的有中国古典园林和日本古代庭院。日本庭院中大都没有堆叠的假山，但其对石头的散点式的群组和摆放十分讲究，总结出了一套关于几块到十几块石头互相组合的方法和程式（见图2-27）。中国古典园林多用太湖石、黄石、笋石堆砌各式假山、驳岸或结合建筑、植物点景和组景（见图2-28）。

图2-27　日本园林置石

图2-28　中国古典园林置石

在现代庭院设计中，置石的应用更加自由、多样和灵活，在集成古人方法技巧的基础上，融入了现代的组景方法，甚至人为地将石材切割、雕刻以后应用（见图2-29）。

图2-29　现代庭院置石

4）桌椅、遮阳伞。庭院空间内，桌椅是人们休息、喝茶、阅读、听音乐、打牌、交流的主要设施。在炎炎的夏日，一把漂亮的遮阳伞也会成为一道美丽的风景线。

按材质分类，座椅有石头、木头、金属、玻璃、塑料等类别，风格样式多样，选择时根据庭院的整体风格和业主要求。在我国，很多人偏重于石桌椅，好处是古朴自然、结实耐用，各种天气情况下均可置于室外。在西方，人们偏重于木质长桌和配套坐凳，上面还要铺上一层台布，典雅高贵，其缺点是需要经常维护和保护。

图2-30 各式庭院桌椅、遮阳伞

5）雕塑类装饰品。首先提一下日本园林最具代表性和符号化的传统园林元素——手水钵和石灯笼（见图2-31、图2-32）。在现代园林中应用较多的是类似雕塑的造型多样的装饰品（见图2-33）。

图2-31 日本园林手水钵

图2-32 日本园林中的石灯笼

图2-33　现代庭院雕塑类装饰品

6）灯饰。灯饰有壁灯（安装于建筑的柱子、墙壁，各类墙的墙壁）、庭院灯、草坪灯、水景灯、地灯、投光灯等。风格有中式、欧式、古典式、现代式、典雅式、古朴式等（见图2-34）。

图2-34　庭院草坪灯

（5）植物

由于其特定的环境和使用功能，庭院植物的选择非常关键，尽量不用带刺、有毒、飞毛等植物。在住宅庭院中尽量避免松柏类植物的使用，多选择芳香、净化空气和人们赋予其美好寓意的植物，从体量上说，不要选择法桐、杨树、重阳木、国槐等特别高大的乔木。注重乔木、灌木、地被、草本植物的合理搭配。

注重全部植物的季节和时序的观赏，花期尽可能长些，如三季或四季有花，同时兼顾"春花、夏荫、秋色、冬茂"，也可通过植物的组合搭配形成庭院更多的观赏点和景点。

注重植物意境的创作，能够通过植物进行"托物言志"，让主人的部分人格以物化的形式生长在自己的庭院内，形成彼此欣赏、共同勉励。比如，江南古典庭院常用的"玉堂春富贵"植物搭配，就是通过玉兰、海棠、迎春、牡丹来表达美好的寓意。此外还有以松柏来寓意常青、经冬不凋的坚强和忍耐，以竹子表达虚心、有节、坚韧、厚积薄发等，以梅花表达冒雪盛开、冷艳，凋落后的香雪海和成泥作尘后香气依然的品格（见图2-35~图2-37）。

图2-35　中国古典园林中的植物

图2-36　日本古典园林中的植物

图2-37　西方庭院中的植物

项目案例分析

——典型案例

1. 梁祝蝴蝶园设计——刘庭风（获2005年英国汉普敦皇宫国际园林展超银奖）

蝴蝶园是天津大学刘庭风教授为2005年英国汉普敦皇宫国际园林展设计的一个园子，是作者通过对中国古典园林研究和提炼，并在国外进行设计、施工与移建的一个成功典范。蝴蝶园的获奖证实了中国园林的魅力，同时证明了它再次走向世界的可能。另外，可以说明中国园林走向世界的本钱在于它的天人合一，也就是说，山水花木是天，建筑点题是人。

鸟瞰图

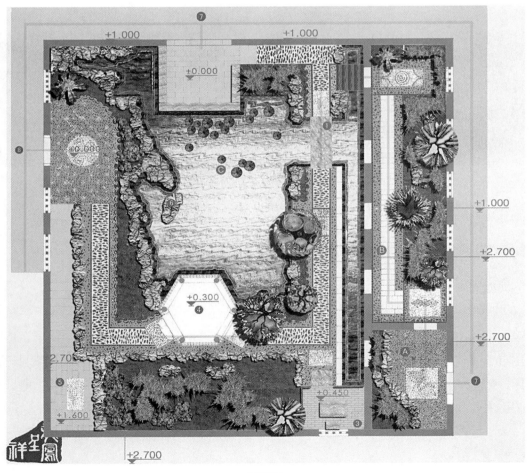

平面图

立面图1

小景图

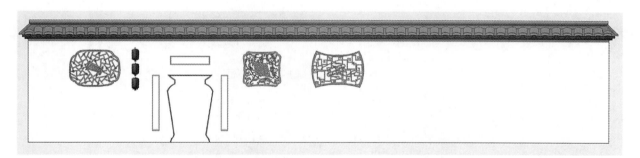

立面图2

剖面图1

剖面图2

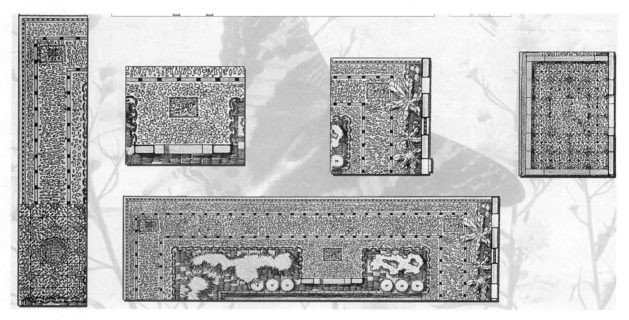

铺装设计

2. 郑州市龙泊圣地独栋别墅庭院景观设计

该别墅系河南职业技术学院环艺系王红波、马博二位教师设计，该作品为2008年河南之星艺术设计大赛的参赛作品，并获得了该大赛银奖。

该设计为现代风格，以绿色为主，在庭院入口和建筑入口处留出两块硬质铺装，以满足出入需要。园路绕别墅前后左右形成一个完整游线，连接了设计的3个主要节点，庭院入口和建筑入口间道路两侧错落布置条形花坛，旁边草地内放置条石进行装饰，线条简洁明快，整个设计疏朗、有序。

别墅

模型示意

宅后点化的汀步使线空间丰富

宅东侧拱式花架分隔空间

空间分析

力求 规整与自由空间序列的有机组合

空间节点　　　空间控制点　　　空间水节点

流动的卵石路

空间节点

错落的方圆组合入口

使空间有节奏感

设计：王红波　马　博

3. 美国一别墅庭院景观设计

该别墅主人热衷于园艺，希望在庭院内留出尽可能多的种植区，并且充分利用地形的变化。庭院的主题风格应是时尚的、柔和的，虽然整个设计都是直线条，但是通过植物加以调和与柔化。水池为庭院增添了生气和活力。

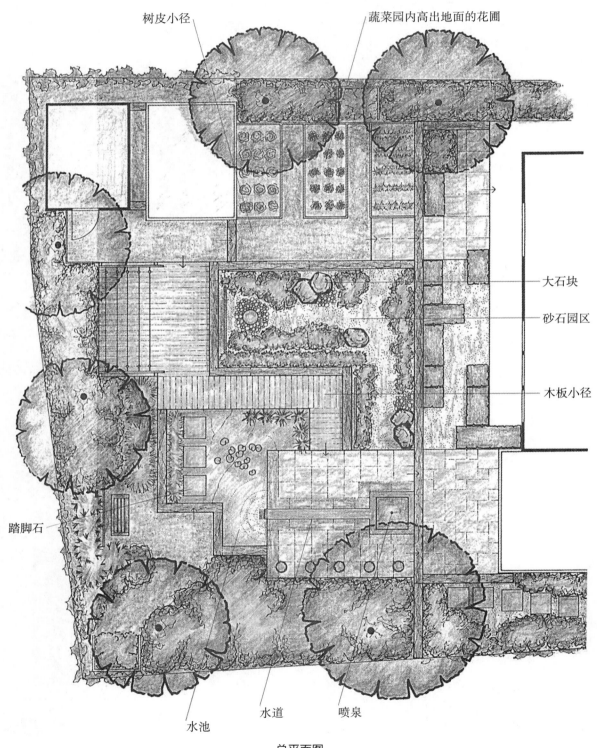

树皮小径　　　　　　　　蔬菜园内高出地面的花圃

大石块

砂石园区

木板小径

踏脚石

水池　　水道　　喷泉

总平面图

局部轴测图

水景实景图

——学生作品——郑州市东方金典某独栋别墅庭院景观设计

下面摘录3位学生的设计，其中设计系自己独立完成，模型为团队协作完成。

设计1——园设11班张弛

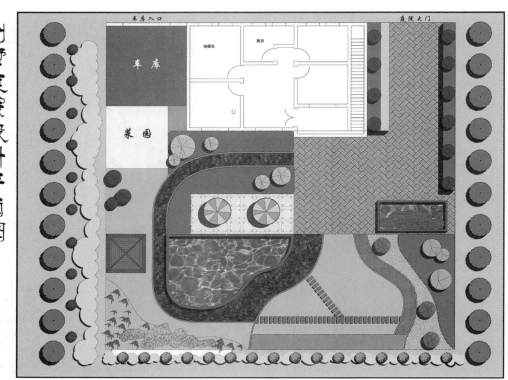

总平面图

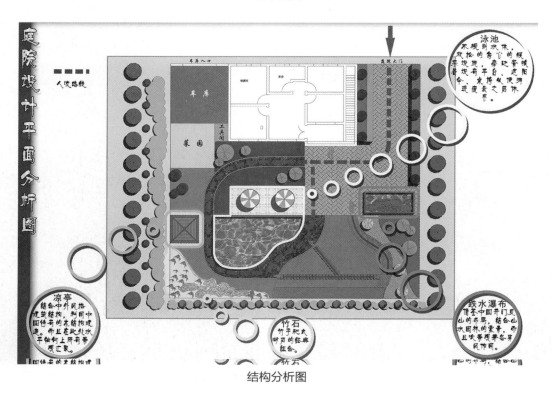

结构分析图

该设计平面采用混合式，进入庭院主道路、水池、水池旁广场为规则布局，其他园路则是曲径通幽的自然式。本设计预留一个独立车库，从庭院外出入，院内不再设露天车位。入口正对设计一水池假山，代替传统影壁，做到"开门见山"，符合传统文化意识。

鸟瞰图

设计模型

左侧效果图采用3DMAX软件制作，《园林计算机辅助制图》课程作业；右侧设计模型为《园林模型制作》课程作业。方案设计为《园林设计》课程作业。该设计流程充分体现了我院园林工程技术专业的课程体系设计，通过不同课程的衔接和配合完善一个设计，深度锻炼和加深了学生对设计和专业的理解。

设计2——园设12班董继源

该设计以水池为中心展开，平台、小桥、花架、地形、汀步、景石、遮阳伞、植物等诸多园林要素围绕其展开布局，构图重点突出，景色丰富。正对入口设一影壁，上开圆洞门和扇形漏窗，通过门窗洞，设置画面感强烈的植物配置，入院有景。

模型为6人一组30课时完成的作业，主要材料为PC板材、草粉、树粉、植物模型、瓦楞纸、细木棍、泡沫等。模型旨在通过按一定比例模拟建造这一过程，让学生理解设计中比例、尺度的关系，体会景的设计和空间布局。

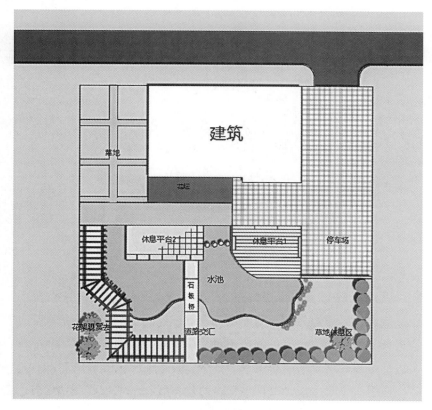

总平面图

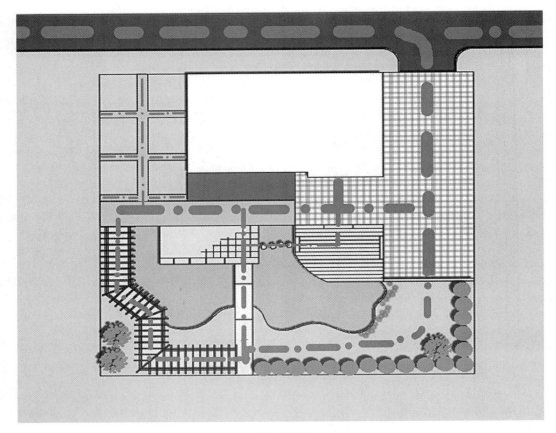

结构分析图

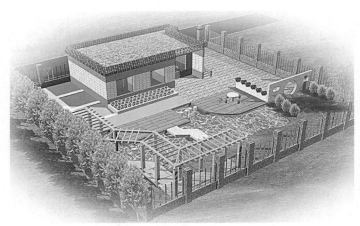

鸟瞰图

模型

设计3——园设12班张倩

　　该设计以绿地为主，除了进入别墅主道路、别墅前面活动场地和右侧停车处铺装外，其他地方均进行了绿化，为了尽可能保留更多的绿地，园路部分也采用了简易的汀步。绿地中以四个不规则多边形组成的组合水池为主景，其中最高水池内放置假山。

　　该组三个学生设计的展示旨在对用本教材的院校起到"抛砖引玉"的作用，也是提供一种训练设计的方法和途径。

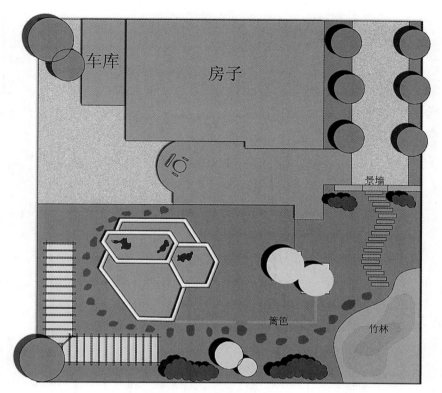

总平面图

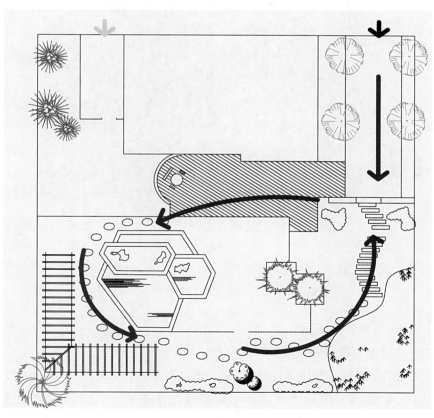

结构分析图

鸟瞰图

模型

项目训练

——项目任务 独栋别墅庭院景观设计

该别墅位于郑州市新郑龙湖镇高档别墅群——龙泊圣地内,庭院面积约260m²(不含别墅建筑占地面积)。北面距离龙湖约150m,后门经由小游路穿过湖滨绿地可达,南面临别墅区10m宽的主干道,对面别墅所处位置地势高于该别墅2.5m,东侧为公共绿地,西侧为相邻别墅。平面图如下所示。本设计要求风格不限，可为中式、日式、欧式，景观要素丰富，设计3~5株大的庭荫树，设计一个车位，注意南向景观设计尽量遮挡对面别墅视线。

——项目设计过程

设计实例和工程实例解读——设计项目综合分析——设计定位——设计形式确定——草图——修改——方案定稿——成套方案设计。

——项目设计要求

手绘或电脑作图；设计成果有设计说明、平面图、轴测图、局部小景图、立面图、主要景观小品详图、植物种植；装订成册，同时上交电子版一份。

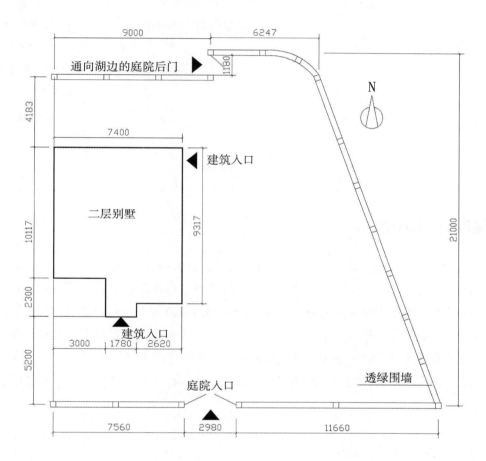

项目 **3** 屋顶花园设计

项目内容 本单元内容是使学生了解屋顶花园的意义、功能和造景原则，了解屋顶的结构和屋顶花园设计的特殊性，掌握屋顶花园设计方法、植物的选择依据，掌握屋顶花园各景观要素的设计方法和选择依据。

3.1 屋顶花园概述

屋顶花园可以广泛地理解为在各类古今建筑物、构筑物、城围、桥梁（立交桥）等的屋顶、露台、天台、阳台或大型人工假山山体上进行造园、种植树木花卉的总称（见图3-1）。它与露地造园和植物种植的最大区别在于屋顶花园是把露地造园和种植等园林工程搬到建筑物或构筑物之上，种植土壤不与大地土壤相连，种植土壤组分要求高，施工技术含量高、难度大。此外，屋顶气候条件相对恶劣，夏天易受高温影响，冬天易受低温影响，还有一年中风的影响。

现在与屋顶花园相近的名词还有屋顶绿化和立体绿化。现在城市建设中，屋顶花园是最有潜力的绿化方式之一。

3.1.1 屋顶花园的意义与功能

随着城市的迅速发展，城市对环境质量的影响日益明显，城市中心区热岛效应明显增强，市中心区绿地普遍不足，从而使得市中心绿化覆盖率过低，景观环境和生态环境恶劣。而屋顶绿化作为城市增绿的第一载体，对于缓解城市热岛效应、大幅度提高城市空中景观具有重要意义。

空气中的颗粒物能大量吸收太阳辐射热，使空气增温，屋顶绿化植物能够滞留大气中粉尘，1000平方米屋顶绿地年滞留粉尘约160~220千克，降低环境大气的含尘量25%左右。

随着人们生活质量的提高，人们对自己生活的环境质量要求也越来越高。屋顶绿化可以为拥有楼顶的人们提供一个私享的园林空间，为人们提供一个休憩、游赏、会客、娱乐、观赏植物、种植园艺的地方，增进人们身心健康及生活乐趣，是追求优雅、精致的生活品质的象征，屋顶花园的存在也是对城市人们疲惫心灵的抚慰。

图3-1 屋顶绿化实景

a）首都大酒店车库顶层绿化 b）日本福冈的"建筑山"

c）四川某住宅小区屋顶绿化 d）德国一别墅屋顶简易绿化

3.1.2 屋顶花园的设计原则

（1）安全原则

荷载承重安全，防水、抗风，活动者的防护安全。

（2）美观性原则

统一与变化、对比和相似、均衡、比例与尺度、韵律与节奏。

（3）功能性原则

改善城市生态环境的功能、满足游人的使用功能。

3.1.3 屋顶花园相关的国家和地方规范

CJJ 48-92 公园设计规范

DBJ 11/T213-2003 城市园林绿化养护管理标准DBJ 01-93-2004 屋面防水施工技术规程

CJJ/ T91–2002 园林基本术语标准另外北京市还在2005年5月编制实施了北京市地方标准《屋顶绿化规范》。

3.2 屋顶花园的分类

3.2.1 按设计建造的复杂和精细程度分

可分为粗放式屋顶花园、半精细式屋顶花园、精细式屋顶花园。

（1）粗放式屋顶花园

粗放式屋顶花园，又称简易式屋顶绿化，是屋顶花园中最简单的一种形式（见图3-2）。因其只是简单种植草坪或者是地被植物，所以专家称之为屋顶绿化，算不上严格意义上的花园。

一般土壤的厚度为5~15（20）cm，粗放养护，重量为60~200kg/m²。

　　　　　　　a）　　　　　　　　　　　　　　　　　　　b）

图3-2　简易式屋顶绿化

a）德国某建筑屋顶绿化　　b）北京左家庄街道办事处屋顶绿化

（2）半精细式屋顶花园

介于粗放式和精细式屋顶花园之间的一种形式（见图3-3），是屋顶绿化向屋顶花园的一个过渡层次，一般称之为屋顶花园。其特点是：利用耐旱草坪、地被和低矮的灌木或可匍匐的藤蔓类植物进行屋顶覆盖绿化，有的配以简易的园路（碎石、石板、石块）和休息座椅，这样既方便了管理，也可提供暂时的游憩。

一般土壤的厚度为15~65cm，需要适时养护，及时灌溉，重量为120~250kg/m²。

（3）精细式屋顶花园

也可称之为花园式屋顶绿化，指的是植物绿化与人工造景、亭台楼阁、溪流水榭等的完美组合（见图3-4）。它具备以下几个特点：① 植物造景采用乔、灌、草结合的复层植物配植方式，产生较好的生态效益和景观效果；② 亭子、廊架、花坛、园桥、水池、假山、喷泉、桌椅、遮阳伞等园林建筑小品设置较多，成为花园的主景；③ 园林铺地采用石材、瓷砖、防腐木等材料，铺砖细致精美;④整体环境优美怡人,方便休息,可以会友、聊天、喝茶,也可举行小型的聚会和宴会。

一般构造的厚度为15~150cm,经常养护,经常灌溉,重量为150~1000kg/m²。

a)　　　　　　　　　　　　　　　　b)

图3-3　半精细式屋顶花园

a)韩国某屋顶花园　b)北京市国家自然科学基金委办公楼屋顶花园

a)　　　　　　　　　　　　　　　　b)

图3-4　精细式屋顶花园

a)郑州市河南职业技术学院教师公寓楼顶花园　b)北京市红桥市场楼顶花园

3.2.2　按照花园所在建筑的性质分

可分为普通住宅屋顶花园、大型商业建筑屋顶花园、地下商场与地下停车场屋顶花园。

（1）普通住宅屋顶花园

大都位于多层建筑顶层,面积不大,一般在几十到200m²之间。在建筑设计时,楼顶不是按照绿化屋顶标准设计的,所以其荷载能力小,一般在100~300kg/m²。

使用对象为主人一家,私密性强,作为日常起居生活的一处室外场所,设计上考虑休息、休闲、会友、园艺种植等功能。从视觉美感和心理上愉悦方面考虑,地面铺装应精美耐用;水池精致美观,可结合雕塑小品形成动水景观,水中可放养金鱼数尾;合理布置亭廊花架、座椅等休息设施；植物选择体量小、生长慢、耐性强、花期长、味芳香且有利于身体健康的植物，满足上述条件的情况下，尽可能选用一些果树、药用植物，美化环境的同时也可品尝到亲自种植的绿色食品。

屋顶还可考虑建立适当规格的阳光房，作为冬季不耐寒植物的越冬场所和主人的阅读场所。

屋顶花园设计应充分考虑主人的职业、爱好、审美、年龄、经济状况、业余时间等方面。设计前要多交流，倾听主人对花园的愿景描述。在此基础上，确定屋顶花园的风格类型、主题景观、投资估算，进而做出恰当合理的设计。

如图3-5a）为郑州市河南职业技术学院教师公寓楼顶花园，上图满园满架的瓜果蔬菜，生活气息浓厚；下图简单随意，自然气息浓厚。图3-5b）为国外某住宅楼顶花园，上图整洁自然，休闲为主；下图构图简约，以草坪和整形植物为主，现代气息浓厚，适合聚会和太阳浴。

a）   b）

图3-5　住宅屋顶花园实景

（2）大型商业建筑屋顶花园

商业建筑屋顶花园的建造地点多种多样，服务的对象也不一样。在投入远低于土地和建筑价格的成本后，获得了相当于地面花园的活动空间，为建筑内工作人员提供了某些便利，效益是显著的。

这类屋顶花园在开放程度方面不尽相同，一些花园带有门禁系统，只有公司的领导层能够进入，有的则是供整栋建筑的工作人员共享，还有的面向人群更广，如工作人员、来访客人等，甚至大量的公众均可自由出入。人们在这里使用简餐、交流和休憩。由于屋顶花园与办公位于一栋建筑内，设计者必须考虑屋顶花园的分隔和管理，避免影响工作，特别是那些向公众开放的屋顶。

商业建筑屋顶花园的兴建也可以仅仅是出于视觉审美的考虑。我们知道，商业建筑屋顶上有很多通风口、采光口、管道、机械设备和其他杂物，把屋顶变得丑陋不堪会影响到能够看见屋顶的任何室内空间的价值。此外，与周围毫无吸引力甚至是视觉污染的屋顶相比，屋顶花园提供了一个令人愉悦的场所（见图3-6）。

图3-6 商业建筑屋顶花园

a）重庆市某学院屋顶花园 b）北京长城饭店屋顶及墙面绿化 c）某酒店屋顶花园的宴会空间

d）上海市某公共建筑屋顶绿化 e）美国洛克菲勒大厦屋顶花园 f）国外某商业建筑屋顶规则式花园

商业建筑屋顶花园的兴建也可能是出于政府对改善城市环境的要求，如新加坡规定如果地面面积的绿地率没有达到规定值，必须在建筑屋顶补出来；在北京市也于2005年5月编制实施了北京市地方标准《屋顶绿化规范》，用于监督和指导屋顶绿化的建设。

（3）地下商场与地下停车场屋顶花园

地下商场与地下停车场大都略高于周围地面，在人们正常视线范围内，上面多数建造花园，成为城市绿地系统重要的组成部分。从目前来看，越来越多的屋顶花园以游园和广场的形式建造在地下商场和停车场的上方（见图3-7）。如果专门为游园和广场的建设购买土地，建设的费用会过于昂贵，而这种多功能复合开发的建筑和花园无疑是经济的。停车场和商场的收入在支付自身成本和利润的同时，还可以负担起花园在兴建和维护方面的费用。

a）

c）

b）

d）

图3-7　地下建筑屋顶花园

a）北京西单商场屋顶文化广场　b）上海一停车场屋顶花园

c）某商场屋顶花园　d）北京市王府井停车楼屋顶花园

此外，在城市历史地段和环境敏感地段附近开发建筑物时，往往需要特殊的考虑，其中重要的手段之一便是建造地下建筑物或掩土建筑物。除了出入口外，其他地方大都被土壤覆盖，上面建造花园或广场，从而将建筑完美地与周围环境融为一体。

与住宅屋顶和商业建筑屋顶相比，地下建筑屋顶在建设屋顶花园时优势明显，首先是由于高度较低，建设比较便利，成本相对较低；其次是在建筑结构方面，由于建筑本身高度较低，人们活动的频率和时间少，承重柱较多，屋顶结构层厚，能够承受更多的荷载，屋顶花园的设计基本可以参照土地上花园的设计建造，各种园林要素可以大胆地设计和建造。

3.3 常见屋顶的结构与屋顶花园的关系

3.3.1 常见的屋顶类别

屋顶按形式划分为平屋顶、坡屋顶、曲面屋顶3种。屋顶花园一般建造在平屋顶上方，坡屋顶和曲面屋顶只能做简单的草坪、地被、爬藤植物的种植，所以这里讲的屋顶花园仅指在平屋顶上的设计和建造。

屋顶按功能划分为非上人屋面、上人屋面、蓄水屋面、种植屋面4种。前三种在设计时因没有考虑花园部分荷载，如需改造为种植屋面或屋顶花园时，必须对其结构的荷载能力重新核算，并对其防水等级与相关构造进行重新评估，经过重新鉴定、加固改造、强化相应结构措施后，方可进行屋顶绿化和屋顶花园的建设。

3.3.2 常见的种植屋顶结构

我国地域辽阔，气候条件差异大，屋顶的结构因地区而异，即使在同一地区，不同的建筑类型其屋顶结构亦有区别。这里就以点带面，以河南省所在的中南地区六省建筑标准设计图集为准，下面摘录该图集中种植屋面（见图集号05ZJ301）屋面1结构。

05ZJ301屋面1构造自下而上为现浇屋顶板、20mm1：3水泥砂浆、基层处理剂一遍、1.5mm涂膜防水层一层、1.5~3mm涂膜防水层一层、10mm白灰砂浆隔离层、40mm刚性防水层、12mm蜂窝型塑料蓄水排水格片、土工布过滤层、200~300mm种植土层。该结构属于一级防水做法，屋顶板上厚度287~387mm，自重347~437kg/m^2。图3-8~图3-11为现浇屋顶板上方种植部分的结构示意图。

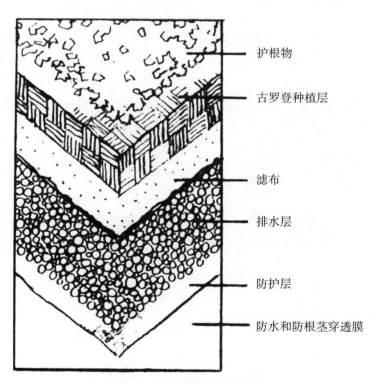

图3-8 美国屋顶花园做法1

其中古罗登种植层产自丹麦，由特殊的玄武岩石棉纤维制成，质量轻，便于切割，有很强的储水和排水功能

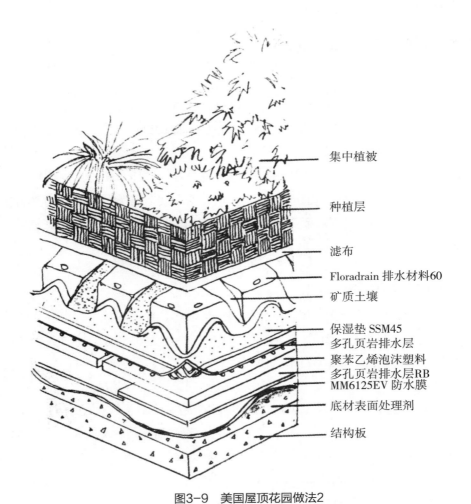

集中植被

种植层

滤布

Floradrain 排水材料60

矿质土壤

保湿垫 SSM45
多孔页岩排水层
聚苯乙烯泡沫塑料
多孔页岩排水层RB
MM6125EV 防水膜

底材表面处理剂

结构板

图3-9　美国屋顶花园做法2

其中"Floradrain"类似国内现在使用的塑料排水板

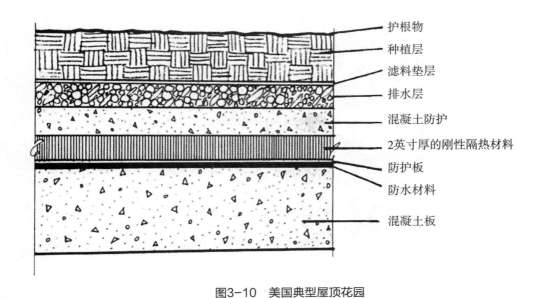

护根物

种植层

滤料垫层

排水层

混凝土防护

2英寸厚的刚性隔热材料

防护板

防水材料

混凝土板

图3-10　美国典型屋顶花园

其中最上一层"护根物"由有机质制成，起美观、隔热、保温、保湿、抑制杂草等作用，
更能持久逐渐地补充土壤内有机质，改善种植土的理化性能

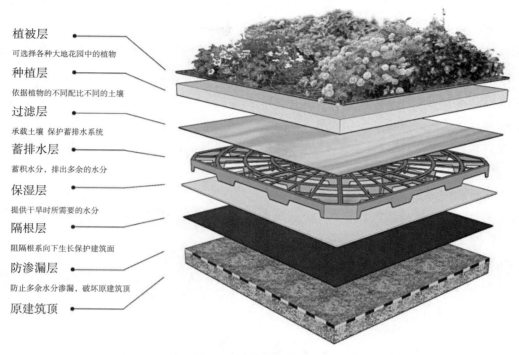

植被层
可选择各种大地花园中的植物

种植层
依据植物的不同配比不同的土壤

过滤层
承载土壤 保护蓄排水系统

蓄排水层
蓄积水分，排出多余的水分

保湿层
提供干旱时所需要的水分

隔根层
阻隔根系向下生长保护建筑面

防渗漏层
防止多余水分渗漏，破坏原建筑顶

原建筑顶

图3-11　我国典型屋顶花园结构示意图

3.3.3　屋顶花园的荷载

屋顶花园的荷载通过屋顶的楼盖梁板传递到墙、柱及基础上，屋顶荷载包括活荷载和静荷载两部分。

活荷载（临时荷载）是指由人、积雪、雨水，以及建筑物修缮、维护等工作产生的屋面荷载及植物生长增加的荷载。

静荷载是指由屋面构造层、屋顶绿化结构层和植物等产生的屋面荷载，随着时间的推移基本不变。

前面提到05ZJ301屋面1做法屋顶板上结构层的自重257~347kg/m²，这其中不包含植物荷载，该标准中土层荷重一般按900kg/m³计算，即100mm厚的土壤90kg/m²；屋顶的亭廊、花架、雕塑、小品、水池等产生的荷载应单独计算和增加。

花园式屋顶绿化的建筑屋顶承受静荷载应大于等于250kg/m²，建筑静荷载应大于等于100kg/m²。

3.3.4　屋顶花园设计对屋顶结构的要求

首先要满足屋顶承重安全，屋顶绿化应预先全面调查建筑的相关指标和技术资料，根据屋顶的承重，准确核算各项施工材料的重量和一次容纳游人的数量。

其次是可靠的屋顶安全防护措施，屋顶绿化应设置独立出入口和安全通道，必要时应设置专门的疏散楼梯。为防止高空物体跌落和保证游人安全，还应在屋顶周边设置高度在80cm以上的防护围栏。同时，要注重植物和设施的固定安全。

乔木、园亭、花架、山石等较重的物体应参照建筑图纸设计在建筑承重墙、柱、梁的位置。

以植物造景为主，应采用乔、灌、草结合的复层植物配植方式，产生较好的生态效益和景观效果。花园式屋顶绿化建议性指标参见表3-1。

当建筑受屋面本身荷载或其他因素的限制，不能进行花园式屋顶绿化时，可进行简易式屋顶绿化。建议性指标参见表3-1（摘自2005年北京市《屋顶绿化规范》）。

简易式屋顶绿化的主要绿化形式有：

（1）覆盖式绿化

根据建筑荷载较小的特点，利用耐旱草坪、地被、灌木或可匍匐的攀缘植物进行屋顶覆盖绿化。

（2）固定种植池绿化

根据建筑周边圈位置荷载较大的特点，在屋顶周边女儿墙一侧固定种植池，利用植物直立、悬垂或匍匐的特性，种植低矮灌木或攀缘植物。

（3）可移动容器绿化

根据屋顶荷载和使用要求，以容器组合形式在屋顶上布置观赏植物，可根据季节不同随时变化组合。

表3-1	屋顶绿化建议性指标	
花园式屋顶绿化	绿化屋顶面积占屋顶总面积	≥60%
	绿化种植面积占绿化屋顶面积	≥85%
	铺装园路面积占绿化屋顶面积	≤12%
	园林小品面积占绿化屋顶面积	≤3%
简易式屋顶绿化	绿化屋顶面积占屋顶总面积	≥80%
	绿化种植面积占绿化屋顶面积	≥90%

3.4 屋顶花园设计

3.4.1 设计的步骤和方法

从设计的原理、步骤、方法来看，屋顶花园设计与地面上花园的设计没有太大的区别，只是二者所处的位置和高度不一样。从设计角度来看，普通住宅的屋顶花园可以看作空中的庭院，可以参考项目2庭院设计（见图3-12）。地下车库和商业屋顶视其面积和功能要求可以看作空中的休闲广场、游园。

屋顶花园设计可以按以下步骤进行：

现场考察（若不能亲临现场，则仔细研究图纸）—类似设计的研读—立意构思—确定风格—构思草图—主景敲定—修改完善—确定方案—表现图、立面图绘制—主景详图设计—完成设计。

俗语说"书读百遍，其意自现""学会唐诗三百首，不会写来也会吟""比葫芦画瓢"，这其中的道理与学习书法绘画时的临摹一样，强调的是初学时借鉴他人，在临摹和研读中逐步的思考和理解他人的思维和设计方法，再在此基础上加入自己的思考，形成自己的设计。

a）　　　　　　　　　　　　　　　　　　　b）

图3-12　屋顶花园——空中庭院

a）某普通住宅屋顶花园　b）某商业屋顶花园

对于设计经验欠缺的初学设计者来说，研读他人设计、临摹设计、多做设计无疑是最为重要的方法和途径，所以拿到一个设计题目后，应该翻阅类似的设计作品或考察类似的工程项目，从中汲取方法和激发灵感。

3.4.2　设计的定位及布局形式的确定

屋顶花园设计的定位决定于其所在建筑的功能和建筑使用者的需求，比如一个科研型的企业，员工在工作中需要互相交流，或工作间隙需要休息、喝杯饮料，如果在临近办公室的屋顶能够提供一个带有休闲座椅的花园空间的话，无疑会增进员工工作的热情和身心的愉悦（见图3-13）。再比

图3-13　以休闲为主的商业屋顶花园空间

如一个住宅的屋顶花园，主人追求生活品位，对现代艺术有着浓厚的兴趣，一个精致的、处处充满艺术气息的屋顶花园肯定会跟主人达到一种默契（见图3-14）。

图3-14　处处充满现代艺术气息的住宅屋顶空间

3.4.3　功能的满足和景观要素的选择

屋顶花园的设计首先是要满足使用者对其功能方面的要求，在此基础上，确定景观要素的选择。概括起来，屋顶绿化和屋顶花园的功能可以归纳为以下几个方面：

1）仅覆盖草坪或者地被的简易屋顶绿化，其功能是在夏季降低室内温度，节能环保。

2）普通住宅屋顶花园主要满足主人休息、休闲、会友、观赏植物、园艺种植等功能。

3）商务屋顶花园主要满足员工工作间隙休息、交流、洽谈的需要。

4）大型城市地下商场屋顶花园多数结合城市广场的规划设计，在为市民提供休闲娱乐的同时，聚集了人气，活跃了商业。

5）地下停车场屋顶花园美化了城市空间，增加了城市公园绿地面积，为周边市民的休憩和休闲提供了一个环境优美的公共空间。

6）所有屋顶花园都有改善建筑本身温度、湿度和空气质量的功能，生态节能环保，增加了城市绿地面积，为改善整个城市气候起到了一定作用。

要根据上述不同屋顶不同的功能要求，选择恰当的景观要素。首先，植物应该是屋顶绿化的核心，没有植物谈不上花园；其次，考虑屋顶的地面铺装，地面承载了人们大部分活动，也是屋顶造景的重要因素；最后，水景、建筑、雕塑、小品、座椅等立体景观的设计，这些景观表达了设计的主题，充满了艺术气息和美感，愉悦人的心情。在庭院设计中已经详细阐述了景观铺装和立体景观的设计，屋顶花园的设计可以参照。

3.4.4 屋顶花园植物种植设计

屋顶花园（绿化）植物选配形式，视其使用要求而异。但是，无论哪种使用要求和种植形式，都要求屋顶花园（绿化）上选配比露地花园更为精美的品种。保持四季常青、三季有花、一季有景。

（1）屋顶植物选择的要求

1）因场地狭小，所选用的植物应估计其生长速度，以及其充分成长后所占有的空间和面积，以便确切计算栽植距离及达到完全覆盖绿地面积所需时间。

常布置成花坛、花境、花丛、花群及花台等多种方式，其布置方法可借鉴露地应用，在此不再一一论述。

2）花灌木是建造屋顶花园的主体，应尽量实现四季花卉的搭配。如：春天的榆叶梅、春鹃、迎春花，栀子花、桃花、樱花、贴梗海棠；夏天的紫薇、夏鹃、黄桷兰、含笑、石榴；秋天的海棠、菊花、桂花；冬天的腊梅、茶花、茶梅。草本花可选配瓜叶菊、报春、蔷薇、月季、金盏菊、一串红、一品红、半枝莲、景天、石竹等。水生植物有马蹄莲、水竹、荷花、睡莲、菱角、凤眼莲等。

3）除了考虑花卉的四季搭配外，还要根据季相变化注意树木的选择，视生长条件可选择广玉兰、大栀子、龙柏、黄杨大球、紫叶李、龙爪槐、枇杷、桂花、竹类等常绿植物；多运用观赏价值高、有寓意的树种，如枝叶秀美、叶色红艳的鸡爪槭、石楠；飘逸典雅的苏铁；枝叶婆娑的丛竹；喻品行高洁的梅、兰、竹、菊、松等。

4）镶边植物在屋顶花园应用非常广泛，在花坛周围或乔木、灌木之下，栽一些镶边植物很有韵味，同时也充分利用了坛边地角，镶边植物可用麦冬、扁竹叶、小叶女贞、地阳花等，这样可以避免产生底层、边角效果，少留裸土、空白。

5）屋顶花园的墙面绿化通常利用有卷须、钩刺等吸附、缠绕、攀缘性植物，使其在各种垂直墙面上快速生长，爬山虎、紫藤、常春藤、炮仗花、凌霄及爬行卫茅等植物价廉物美，具有一定观赏性价值，可作为首选。也可选用其他花草、植物垂吊墙面，如紫藤、葡萄、薜荔、爬藤蔷薇、木香、金银花、西府海棠、木通、牵牛花、鸢萝等，或果蔬类如葡萄、苦瓜、南瓜、丝瓜、佛手瓜等。

6）草坪和蕨类是在屋顶花园中采用最广泛的地被植物品种。如矮化龙柏及仙人掌科，各种草皮如高羊毛草、天鹅绒草、吉祥草，麦冬、葱兰、马蹄筋、美女缨、太阳花、遍地黄金、蟛蜞菊、马缨丹、红绿草、吊竹梅、凤尾珍珠等。此外，宿根植物很多是地被覆盖的好品种，如天唐红花草、小地榆、富贵草、石竹等。如果进行巧妙搭配、合理组织，就能创造鲜明、活泼的底层空间。

7）绿篱植物是种植区边缘、雕塑喷泉的背景或景点分界处常栽种的植物。它的存在使种植区处于有组织的安全环境中，同时可作为独立景点的衬托。但造园或管理时切不可使绿篱植物喧宾夺主。常见的绿篱植物有女贞、小檗、刺梅、园柏、杜松、珍珠梅、黄杨、雀舌黄杨、木槿和冬青等。

8）在屋顶绿化设计中，还要优先选用合欢、广玉兰、无花果、棕榈、大叶黄杨、夹竹桃、木槿、茉莉、玫瑰、番石榴、海桐、桂花等抗污染力较强的品种。

9）以突出生态效益为原则，根据不同植物对基质厚度的要求，通过适当的微地形处理或种植池栽植进行绿化。屋顶绿化植物基质厚度要求见表3-2。

表3-2　　　　　　　　　　　　屋顶绿化植物基质厚度要求

植物类型	规格/m	基质厚度/cm
小型乔木	$H=2.0\sim2.5$	≥60
大灌木	$H=1.5\sim2.0$	50~60
小灌木	$H=1.0\sim1.5$	30~50
草本、地被植物	$H=0.2\sim1.0$	10~30

10）利用丰富的植物色彩来渲染建筑环境，适当增加色彩明快的植物种类，丰富建筑整体景观。

11）植物配置以复层结构为主，由小型乔木、灌木和草坪、地被植物组成。本地常用和引种成功的植物应占绿化植物的80%以上。

（2）屋顶植物选择的原则

1）遵循植物多样性和共生性原则，以生长特征和观赏价值相对稳定、滞尘控温能力较强的本地常用和引种成功的植物为主。

2）以低矮灌木、草坪地被植物和攀缘植物等为主，原则上不用大型乔木，有条件时可少量种植耐旱小型乔木。

3）应选择须根发达的植物，不宜选用根系穿刺性较强的植物，防止植物根系穿透建筑防水层。

4）选择易移植、耐修剪、耐粗放管理、生长缓慢的植物。

5）选择抗风、耐旱、耐高温的植物。

6）选择抗污性强，可耐受、吸收、滞留有害气体或污染物质的植物。

7）生长强壮并具有抵抗极端气候的能力，能忍受夏季高热风、冬季露地过冬品种。

8）适应种植土浅薄、少肥的花灌木，能忍受干燥、潮湿积水的品种。

项目案例分析

——典型案例

1．郑州市升龙锦绣城屋顶花园设计

2．河南职业技术学院教师公寓屋顶花园设计

透视图

图3-15

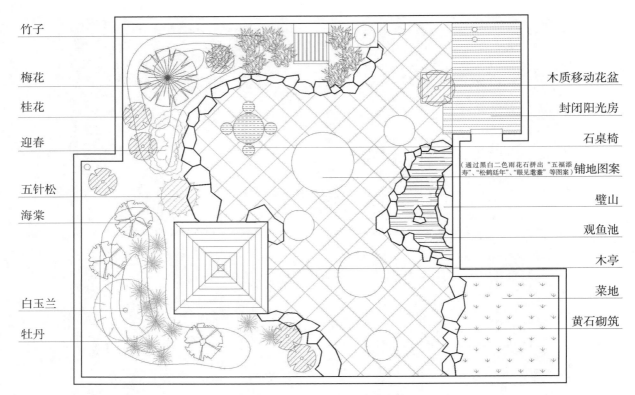

竹子
梅花
桂花
迎春
五针松
海棠
白玉兰
牡丹

木质移动花盆
封闭阳光房
石桌椅
（通过黑白二色雨花石拼出"五福添寿"、"松鹤廷年"、"眼见毫翥"等图案）铺地图案
璧山
观鱼池
木亭
菜地
黄石砌筑

植物种植以白玉兰、海棠、迎春、牡丹而成"玉堂春富贵"；
种植梅花、五针松、竹子而成"岁寒三友"；
种植边缘及石缝中种植麦冬，其一不用修剪，其二自然，其三固土整洁；

图3-16

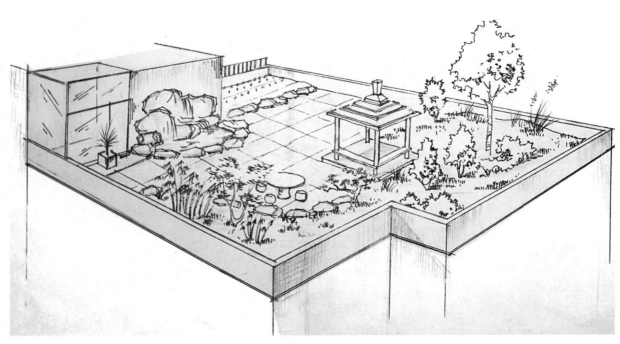

图3-17

——学生作品

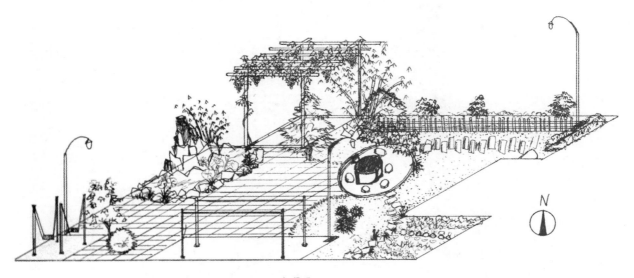

屋顶花园鸟瞰图效果图

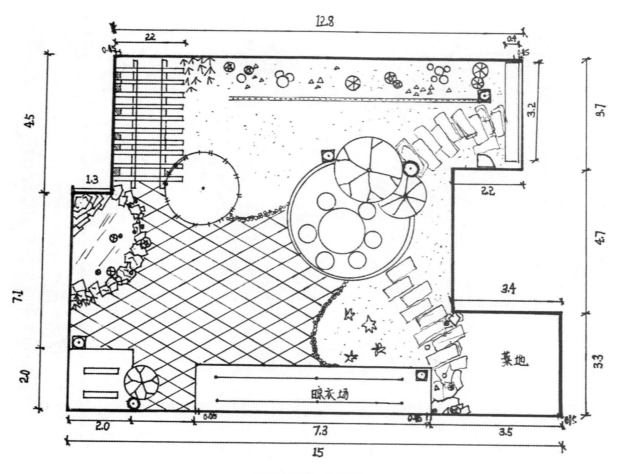

园工102班　李凤丽

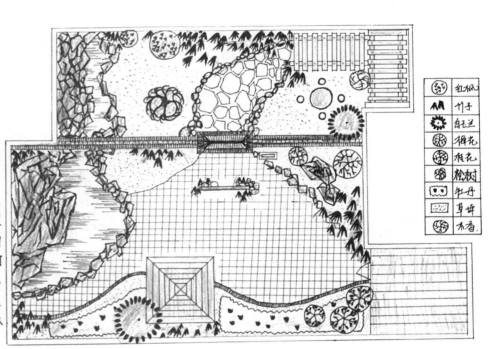

设计说明:

本园为屋顶花园设计,主题主要突出古典园林的风格。大量运用松、竹、梅、玉兰等植物材料,引中间一道黑瓦景墙和西边的图水池结合更贴合主人身份喻合。东南角以假山材料布局,引门口翠竹和流水叠瀑景等和假山水体相互应。整个设计在一道景墙的遮掩了,给人以后来豁然开朗的心情。

园工102班 王帆

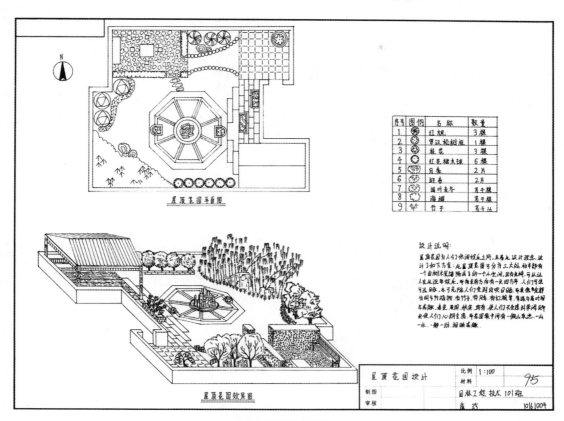

园工101班 孟珍

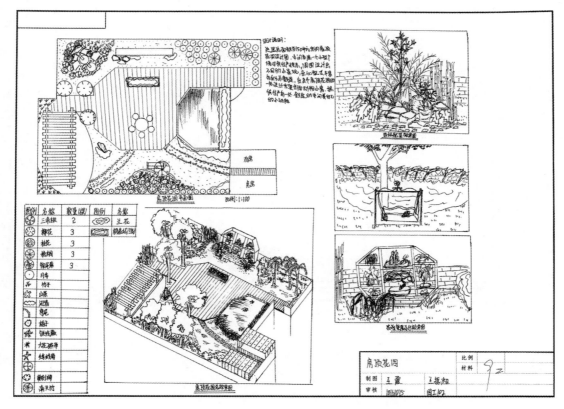

园工102班 王霞

项目训练

——项目任务　河南职业技术学院专家公寓屋顶花园设计

该屋顶位于河南职业技术学院内一栋七层公寓的楼顶，面积约150m²，东侧为楼梯间和电梯井的西墙，高2.8m，其余三面为高1.3m的女儿墙平面图如下所示。目前楼顶为300m×300m的瓷砖铺贴的地面。屋顶坡度坡向南北两侧边沟，边沟接雨水管排走。

——项目设计过程

设计实例和工程实例解读——设计项目综合分析——设计定位——设计形式确定——草图——修改——方案定稿——成套方案设计。

——项目设计要求

满足主人日常休息、喝茶、读书看报、观赏植物的功能；设计一处水景，能够放养几条锦鲤；可以考虑廊、亭、花架等建筑设施，有陶钵、石头、雕塑或其的立体装饰；考虑少量的果树；设计风格可以为中式、日式、欧式等。

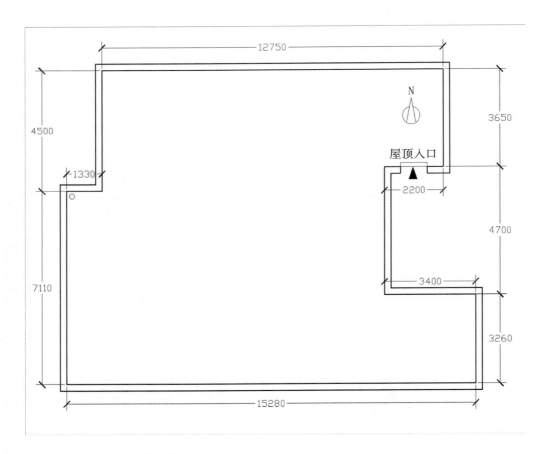

手绘或电脑作图；设计成果有设计说明、平面图、轴测图、局部小景图、立面图、主要景观小品详图、植物种植。

项目 *4* 滨水绿地设计

项目内容 本单元内容是使学生了解滨水绿地的功能和造景原则，掌握滨水绿地景观设计方法、驳岸的类型以及驳岸的设计方法，熟悉河滨林荫道的设计要求。

4.1 滨水绿地的意义与功能

水是生命之源，水孕育了人类的文明。从古代城镇选址方面看，在史前人类聚居地形成的最初过程中，几乎无一例外地依循自然生态规律和特定的自然条件，由于水能给人类生活起居、交通联系、防御、游憩、生产等诸多便利，因此自古以来人类就有循水而居的传统。

无论是早期部落还是现代城市，确保生活、生产用水均非常重要。人类在亲水与恐水中徘徊，既通过取水、治水以满足物质需求，也通过设计，创造亲水、戏水、观水、听水的景观以满足精神需求。随着人类社会工业化进程的加快，环境污染、气候变暖造成了降水的不规律，冰川融化造成河道水量的骤增，无节制地抽取地下水又加剧了水资源的枯竭，有限水资源越发贫瘠。

4.1.1 滨水及城市滨水区的概念

顾名思义，滨水就是临近水的区域、场所。滨水区泛指毗邻河流、湖泊、海洋等水体区域的土地。这个区域包括水体或其局部，也包括一部分陆地，更包括与之相关联的一切生命体与非生命体物质。

城市滨水区是城市中一个特定的空间区域，是构成城市公共开放空间的主要部分，它包括城市中河流、湖泊、海洋毗邻的土地或建筑，一般由水域、水际线、陆域三个部分组成。

水体沿岸不同宽度的绿带称为滨水绿地。滨水绿地规划设计是在水陆两种地理形态区域交界面进行的处理、协调人与自然环境、人与人类社会活动之间的关系，并使之符合可持续发展的目标。

从狭义上讲，滨水绿地规划设计是人类为满足可持续发展的需要（包括城市扩张、农田扩大、环境保护等）而对原地理学范畴的水域及其邻近区域进行空间的、审美的，功能的科学设计。

4.1.2 水及水景

（1）水的特性

水是景观创作的重要元素之一。在自然界，水有流动的水、静止的水和在外力作用下运动的水。水还会演化为雾、霜、雨、雪等特殊景观效果。水在重力的影响下流动，顺势而下，从而形成江河、溪流、瀑布。相对静止的水则形成湖泊、池塘和海洋。在外力作用下（分为自然外力和人工外力，包括风、地震、人工加压等）自然的水会产生波浪、波纹、跳跃、滴落和喷发等各种变化。

水的另一个特性是自古以来形成的人对水的特殊情感。中国传统风水学认为水为财，山为靠，背山面水是良好的选址条件。我们会感受奔腾大河带来的一泻千里的气势，也会静静观赏池塘映月、潺潺溪流的柔情；我们会欣赏雨中西湖的别有洞天，也会体味雾中黄山的婀娜多姿。同时，宗教意义上，水被看作生命的源泉。在古希腊，水被看作构成我们生活世界的四种主要元素之一。以水为设计要素，调动人们对水的这些情怀并促进亲水。

（2）水景类型

水的形态是通过周围的驳岸、空间容量和水量、地形高差、水速等来表现的。从自然形态到人工形态，水景可以分为以下四种类型。

第一种类型是滨海、滨湖的面状水景，与河流的线性形态不同，城市面对的多是相对开阔的完整水面（见图4-1、图4-2）。

图4-1　河北山海关老龙头　　　　　　　　　　　　图4-2　杭州西湖

第二种类型是线状水景，以河流或者运河的形态流经城市（见图4-3、图4-4）。

第一种和第二种情况的水流、水量难以控制，遇到强降水、风暴等灾害气候，会出现毁灭性的可怕景象。因此面对上述情况时，往往需要修筑堤坝、围堰、水闸、硬质驳岸来控制可能出现的灾害，以便让水流更好地服务于水运需求。但是硬性的堤坝、水闸等往往会改变原有滨水区域生态环境，影响自然水体的净化能力，隔绝人与自然的亲近关系。

第三种类型是人工或者是自然的池塘、沼泽。基本是静态的水，与周边环境形成一个自然生态系统，人们很容易接近。

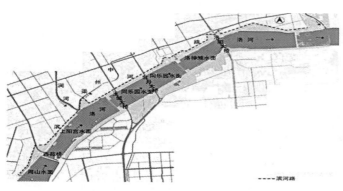

图4-3 洛阳洛河平面示意图

图4-4 洛阳洛河实景

第四种类型是点状的人工水景或者人工与自然相结合的水景。由于它是人工化的产物，因此可以根据需要，任意调节和控制水速、水量、高差、声音等，并可通过光色变换来强调其夜间色彩的变化。人工水景通常置于市场、广场的中心位置，是城市人们活动的中心，或者是一个社区的集聚场所（见图4-5、图4-6）。

图4-5 人工水景喷泉

图4-6 几何形水池

滨水地带是万物生命环境的源头，滨水环境孕育了从原始到现代的人类文明，滨水绿地景观是诸多类型景观中最具持久吸引力的景观。滨水地带是人类生存的基本场所，在人类文明发展进程中，凭借着临水聚居的活动，人类创造了优美的滨水景观。"智者乐水，仁者乐山"是人类关于滨水景观文化精神作用的最好写照。随着现代文明智慧的加速演进，现代与未来人类对于滨水景观及其承载的滨水聚居环境日益偏爱。

4.1.3 滨水绿地的景观特征

由于滨水区特有的地理环境以及在历史发展过程中与水形成密切联系的特有文化，使滨水绿地的景观特征十分独特。

（1）自然生态性

这是滨水绿地最为人们感知的特征。从自然生态系统的构成上来说，尽管人工不断地介入和破坏，水域仍然保持相对独立和完整，生态系统相对其他景观更具自然性。

（2）公共开放性

城市滨水绿地是城市公共开放空间的主要部分。它的自然因素使人与环境达到和谐统一，提供了高品质游憩、旅游资源，为人们提供休闲、散步、交流、涉水等活动场所。

（3）生态敏感性

从生态学理论可知，两种或多种生态系统交汇的地带往往具有较强的生态敏感性、物种丰富性。滨水绿地作为不同生态系统的交汇地，生态敏感性较高。

（4）历史文化性

大多数城市的滨水区在古代设有港湾设施的建造，对城市的发展起到重要的作用。特别是港口，它是人口汇集和物质集散、交流的场所，不仅有运输、通商的功能，而且是信息和文化的交汇处。在外来文化与本地固有文化的碰撞、交融过程中，逐渐形成兼容并蓄、开放自由的港口文化。在滨水绿地，人们很容易追思历史的足迹，感受时代的变迁。

（5）多样性

滨水景观由水域、陆域、水陆交汇三部分组成，由于水生系统、陆生系统、水陆共生系统的多样性，使得滨水绿地自然景观构成十分丰富，空间分布和地貌组成多样。

4.1.4　滨水绿地的功能

（1）生态净化功能

滨水绿地是水域生态系统和陆域生态系统的交接处，具有两栖性的特点，并受到两种生态系统的共同影响，呈现出生态的多样性，与城市整体生态系统息息相关。

滨水绿地可以有效地防止水土流失，维持滨水地貌特征。绿化植物强大的根系是滨水区岩石、土壤天然的固结网。在保持自然风貌的滨水区，如果没有人工驳岸的岸线维护，一旦滨水绿化带遭到破坏，水流对岸线的侵蚀将导致河流改道、景观变迁，甚至危及安全。

滨水绿地可以吸收二氧化碳，放出氧气；吸滞烟灰粉尘；调节和改善小气候，提高空气湿度；调节气温，降低风速；吸收和隔挡噪声。可以说，城市滨水绿地是城市重要的绿肺。

水是一切生物赖以生存的根本物质，由于滨水绿地本身的环境优势，原有动植物类型十分丰富，保护得当将为动植物提供更多珍贵的栖息地。

（2）休闲游憩功能

由于江、河、湖、海的冲蚀作用，滨水区常常形成坝、滩、洲、矶等特殊形态的场地。滨水绿地可以欣赏到水陆不同风格、不同变化角度的景观，具有更加开阔的视野，可以提供大量的优美场地供人们使用。同时，滨水绿地作为一个城市生活中变化灵动的空间，为枯燥的城市生活注入新的活力，满足人们休闲、娱乐、健身等多方面与多层次的需求。

（3）城市实用功能

滨水区为城市提供了灌溉、运输、排涝之利，并能作为游泳、钓鱼、赛艇、滑水、溜冰等水上活动的场地。同时，水道也是城市运输系统的重要方面。更重要的是，水体的水质、水量直接影响着城市的生产、生活和未来的发展。滨水绿地得天独厚的环境特点，要求它在满足防浪、固堤、护坡等早期安全功能的同时具有更多的实用性，如美化环境、防灾减灾避灾、科普教育等。

（4）亲水功能

人类的亲水性促使人们对水上娱乐项目较为喜爱。滨水绿地因水而个性鲜活，可以利用原有场地的水资源，提供大量与水结合的场地供人们进行亲水、戏水、听水及各种娱水项目。

4.1.5 滨水绿地造景原则

（1）系统化与区域性原则

滨水区的形成是一个自然循环和自然地理等多种自然力综合作用的过程，这种过程构成了一个复杂的系统，系统中某一因素的改变都将影响到整体景观面貌的变化，在进行滨水绿地规划设计时，应该以系统的观点进行全方位的考虑。需要解决的问题有控制水土流失、调配水资源使用，协调城市岸线和土地使用，特别是要控制城市用地对江河的侵占，综合治理环境污染等。这些问题的解决，是滨水绿地规划设计的基本保障。

滨水区以其良好的生态景观，强化滨水城市的系统结构，创造出滨水地段的脉络结构。作为城市肌理中的生态叶脉，发挥生态上的绿肺作用，改善整个城市的生态结构。通过滨水水岸原有的狭窄的带状结构的扩张，进一步由线到面，增加人们与绿色生态环境的接触范围。

（2）生态性原则

滨水绿地景观设计要坚持"以人为本，生态优先"为前提，兼顾社会效益与生态效益。根据景观生态学原理，恢复自然景观，保护生物多样性，增加景观的异质性，促进自然循环，架构城市的生境走廊，强调自然生态的保护和延续，不能以牺牲环境质量来达到开发的目的。保护自然水体的生态环境与人们对滨水空间开发的需求，甚至是人们亲水的休闲活动，如游泳、划船、钓鱼之间存在一定的冲突。应坚持生态保护优先、适度开发原则，利用开发的经济利益，结合教育、引导，促进生态环境的保护。在满足市民的生活娱乐需求的同时，尽量减少人类活动对城市滨水绿地自然生态系统中栖息的生物的干扰，维护生态平衡，继而提高城市的环境质量，强调人与自然的和谐共生，实现景观的可持续发展。提高水岸的自然度，尽量恢复滨水原有的生态环境。通过生态驳岸的设计、原生植物的栽植、小范围的活水处理等措施，最大限度的恢复和创造自然生境（见图4-7、图4-8）。

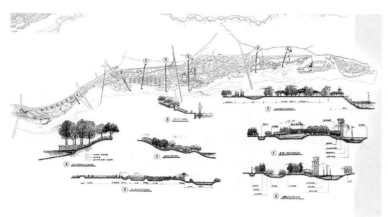

图4-7 沈阳浑河不同节点的驳岸设计方案

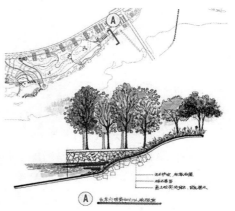

图4-8 沈阳浑河A点驳岸设计方案

（3）多目标兼顾原则

滨水绿地的规划设计包括防洪、改善水域生态环境、改进江河的可及性与亲水性，增加游憩机会，提高滨水地区土地利用价值等一系列问题，必须统筹兼顾、整体协调。要以系统工程意识为指导，合理分区，提供多样化的景观结构，巧布观赏游览线，以满足现代城市生活多样化的要求。

（4）历史文脉延续原则

水系应能够塑造和承载城市的景观特色和文化内涵，成为城市个性和精神的代表。挖掘区域地理、人文、植物特色，利用景观手法加以表达，增强城市滨水绿地的活力和趣味，提升文化品位。滨水景观绿地虽然是一种现代式的景观设计，但它不能完全脱离本地原有的文化与当地人文历史沉淀下来的审美情趣，不能割裂传统。要注重与原有历史文化密切结合，自然景观整治与文化景观保护利用相结合，维护历史文脉的延续性，恢复和提高景观活力，使其能作为整个城市活动的背景，塑造城市的新形象，创造出一个可持续发展的城市空间（见图4-9、图4-10）。通过对传统城市间形态的组合、叠加、变形，丰富城市空间的表情。

处理方法一般有两种方式：一种是保留传统园林的内容或文化精神，整体上仍沿用传统布局，在材料及节点处理上呈现一定的现代感和现代工艺、手法，这是20世纪30年代园林设计师们逐渐从古典园林设计中走出来时采用的一种小心谨慎的做法。另一种是目前国际景观设计界流行的做法即在设计中汲取"只言片语"的传统园林形式移植入现代景观设计中，使人在其中隐隐约约地感受到历史的信息与痕迹。

图4-9　苏州十里山塘街民居夹河道而建　　　　　图4-10　苏州平江路临水建筑

（5）亲水原则

治水是城市滨水区景观规划设计的前提和基础，也是城市政府进行滨水区开发建设的起因；亲水，还原人类的自然与文化属性，全方位提升该地段的亲水品质，最大限度地满足居民的亲水要求，提升生态与心理的感受质量，这是滨水区景观规划设计的最低要求。

受现代人文主义极大影响的现代滨水绿地规划设计更多地考虑了人与生俱来的亲水特性。由于以往人们惧怕洪水，因而建造的堤岸总是又高又厚，将人与水远远隔开，而科学技术发展到今天，人们已经能较好地控制水的四季涨落特性，因而亲水性设计成为可能。如何让人与水进行直接接触式的交流，是处理滨水绿地规划设计时应着重探讨的问题。

4.2 滨水绿地造景设计方法

水是城市建设艺术的核心，在城市形态的发展中，水是表达和反映市民参与公共活动的需求和向往自然的载体，是寄托情感的媒介。近年来，城市滨水地带的规划和景观设计一直是人们关注的热点。滨水绿地设计的一个重要特征就在于它是复杂的综合问题，涉及多个领域。河流、运河和城市岸线，在环境保护方面具有至关重要的作用。水道，尤其是河流边缘的湿地，形成城市区域中独具价值的生态系统。水道在通过环境保护实现生物多样性功能和水体自然净化功能的同时，还要服务于人类社区的各种需求：它们是景观网络之间最基本的连接，这些景观网络是城市的肺并延伸入城市的各个区域。滨水绿地除了满足人们视觉景观享受和自然保护功能以外，还会在其滨水区域建立生产运输性质的码头、仓储设施，商业性质的大型百货商店，餐饮服务、金融机构、办公机构和游乐设施，住宅区等。因此，滨水绿地设计涉及航运、河道治理、水源储备与供应，调洪排涝、植被及动物栖息地保护、水质、能源、城市安全以及建筑设计等多方面的内容，它是一种能够满足多方面的需求、多目标的设计，要求设计人员能够全面、综合地提出问题，解决问题。

4.2.1 滨水绿地的类型

根据不同的分类方式，滨水绿地有多种类型。按照水域的不同类型划分，滨水绿地可以分为江河类滨水绿地、湖泊类滨水绿地、池塘类滨水绿地、山地溪水类滨水绿地、其他类滨水绿地。

4.2.2 滨水空间类型

古典园林只为少数社会特殊阶层服务，其中一个设计原则是"小中见大，咫尺山水"，即"人在画外以观画"，而滨水绿地规划设计的成果是供城市内所有居民和外来游客共同休闲、欣赏、使用的，因而这决定了它要以超常规的大尺度概念来规划设计；同时，由于西方大地艺术思潮及手法的影响，即注重设计空间与大自然的自然力、自然空间的融合；在广袤空间中创作作品，"人在画中以作画"的设计思路，这些都决定了在进行滨水绿地规划设计时"尺度空间的定量优先于局部"。

滨水绿地规划设计要与城市绿地系统规划相联系，防止将滨水绿地孤立的规划成一个独立体。设计前要做大量的准备工作，要重点研究分析滨水沿岸的建设历史、决策主题、河流管理以及规划文脉。运用GIS手段，以地图的形式整合各种信息，如河岸的土地利用、沿岸的可达性、河流的腹地交通、河流自身的交通利用。环境的定性研究，包括遗产区域和生态重要性，关键地标、建筑物高度、城市形态、景观特性。

英国城市设计专家克里夫·芒福汀在《街道与广场》一书中描述了七种类型的滨水空间的形态。

第一种类型是水体边缘与水面呈垂直形态，或是自然岩石、山体，或是垂直建筑物。这种方式自古以来就很多见，通常出现在水网密布的水乡。如威尼斯优美的运河上，各个宫殿和民宅建筑排成一行，都有运河景观和通往水边的私人通道。江南苏州的沿河建筑也是采用这种方式。石质的坚硬驳岸，沿上垂直砌筑建筑并且彼此相接形成水边街景（见图4-11、图4-12）。

第二种类型是曲折的港湾，多是渔村渔港。为了遮蔽沿岸强劲的风，沿着狭窄的小巷和通道连接海、湖。传统的渔村一般都会采用这样的形式（见图4-13）。

第三种类型是自然的岸边，或是舒缓的斜坡。

第四种类型是沿水体岸线构建的硬质形式的码头、港口（见图4-14）。

第五种类型是水体边缘围合成一个湾，或是开敞广场和绿地。例如海湾、河湾，水面开阔，视野较好，往往便于与其他公共开放空间相结合。也可利用建筑物维合形成湾口（见图4-15）。

第六种类型是和岸线成直角的码头延伸入水体。例如，苏州金鸡湖堤岸内的栈道延伸了与水体接触的面，加强了场地与水体的关系（见图4-16）。

第七种类型是将河道处理为排水系统。

图4-11　苏州城市河道两岸建筑与堤岸

图4-12　乌镇枕水人家

图4-13　海上渔村

图4-14　码头

图4-15　海湾

图4-16　苏州金鸡湖栈道

面对不同的滨水空间类型，滨水绿地规划设计应重点考虑滨水空间的价值，体现资源的公众性。在滨水空间增加新功能、新地标，创造出视觉趣味和舒适的空间环境。确定河道界面处理手法，公私空间分割，车行与人行分区，观景视线、植物配置等细节设计。维护开发与生态保护之间的平衡，重视滨水生态资源的教育价值；保护滨水原有植被和原生鱼类，形成富有文化特性的地域景观；增加公共活动，娱乐等服务设施；提供通往滨水空间的直接通道、视觉通道景观长廊，提升公众参与意识；挖掘滨水空间的商业价值，普通交通和亲水的水上娱乐并举；兴建中水回用设施，节水设施；恢复河流和湖岸，提高湖水净化能力和雨水下渗能力。

4.2.3 滨水绿地功能布局结构规划

分段（水平关系）、分层（垂直关系）进行结构整理，以区段承载的典型功能为分区主要依据。注意功能区段之间的相互关系，既要避免重复与呆板，又要防止联系割裂、各自为政。规划的基本内容基本包括：基本的功能区定性，功能区之间的关系论述，包括垂直结构关系和水平结构关系等，功能区的基本发展演化趋势分析等。

最大限度地保证滨水的公共性，维护滨水的生态性，以居住用地、商业用地和公共设施用地为主，杜绝可能带来的环境污染、不利于滨水自然生态环境的任何项目的用地。

一级临水区（0~30m）绝对公共区域，适宜布置绿地、广场、公园以及配套商业等。

二级临水区（30~100m）相对公共区域，适宜布置公共设施、商业等。

腹地区（＞100m）相对非公共区域，适宜布置居住、商业等。

严格控制滨水土地利用性质，并保证一定的兼容性。确定建筑后退滨水控制线，保证一定宽度的自然生态和绿化用地，以植物造景为主，强调整体性，形成一条连续的绿色走廊。保证滨水开放用地的可达性，方便游人自由出入河流、湖泊、海洋等水体。重点地段布置城市广场、公园等人流集中的场所，充分结合地方历史文化，满足居民日常游憩与游客观光的需要。要保证绿地率、开敞空间率、基本生态容量等。

4.2.4 滨水绿地空间与景观结构规划

从陆地到水面，滨水空间要素可以依次分为滨水城市活动场所，滨水绿化、滨水步行活动场所，水体边缘区等四个部分，分别对应着滨水区的城市职能空间、自然空间、游憩空间、水体以及亲水空间。在进行空间规划设计时，要注重空间尺度和功能结构的复合统一，运用线形、比例、尺度、节点、对景、借景等设计手法进行空间规划、视线分析、绿色廊道网络规划。

针对滨水开放空间，要保护城市水岸的沟溪、湿地、开放水面和植物群落等。构成一个连接建成区与郊外的连续通畅的带状开放空间，把郊外自然空气引入市区，改善城市大气环境的质量。河流开放空间廊道还应与城市内部开放空间系统组成完整的网络。线形公园绿地、林荫大道、步道以及自行车道等皆可构成滨水区通往城市内部的联系通道。在适当的地点还可以进行节点的重点处理，放大为广场、公园或其他地标。

滨水绿色廊道网络，作为滨水景观系统的骨架，在结构规划中必须得到足够的重视。建立绿色廊道，首先要对滨水生物资源进行调查、评价和分级。滨水的野生动植物栖息地，尤其是稀有物种的生境应该纳入城市开放空间的规划框架中加以绝对的保护。滨水野生动植物及其栖息地能够为市民提供多样化的、丰富多彩的社会和教育体验。其次，根据滨水自然群落对人为干扰的敏感度进行生物学上的分级，据此确定控制人为干扰的管理级别——从绝对保护、严格限制到无限制可以承载多种人类活动进行分级。再次，建立完整的河流绿色通道，沿河流两岸控制足够宽度的绿带，在此控制带内严禁任何永久性的大体量建筑修建，并与郊外基质连通，从而保证河流作为生物过程的廊道功能。最后，水系廊道绿地还应该向城市内部渗透，与其他城市绿地——道路等防护、线性公园等绿地构成相互沟通，共同构建完整的绿地网络系统（见图4-17）。

图4-17 "绿荫下的红飘带"鸟瞰图

4.2.5 滨水区道路交通系统规划

滨水区一方面是城市地面交通、地下交通与水上交通的集合区，同时又是市民游客容易接近的游憩活动与旅游观光的场所。以提高景观的可达性为基本原则，通过提高综合交通的运行效率，在时间上保证滨水土地功能的高效率运转。

景观可达性是指从空间中任意一点到该景观的相对难易程度，其相关指标有距离、时间、费用等。

（1）机动车交通

机动车交通首先完成与城市大交通系统的相互衔接整合，保证通畅和便捷。从滨水机动车道的服务功能来说，大部分滨水机动车道以生活功能为主。为保证滨水景观的最大限度的亲水性，应尽可能地将滨水机动车道外移，减少对滨水游憩的干扰。为方便滨水活动的展开，在各转换口区域设置停车场。

（2）非机动车道交通

有条件的滨水区可以设置非机动车专用通道，供市民游憩休闲以及有游客观光使用。专用道根据用地状况，宽度控制在4~6m，平曲线规划为流畅的自由曲线形，以充分体现步移景异，同时从空间上自然限制了机动车的进入。

非机动车专用通道的联通方式：

与城市道路的联系：加大与城市道路的联系通道的密度，最大限度地方便人们进出；

与滨河步行道的联系：由捷径或坡道与人行步道连通，方便人们的观光出行与休闲停留。

（3）步行交通

路幅宽度一般为2~3m，间设5~10m不等的宽步道和带形广场。人流通过量较大的滨水步道，可以考虑每隔10~30m路段设置座椅、平台或小广场（见图4-18）。

图4-18 "绿荫下的红飘带"构筑物与休息平台

（4）水上交通

综合考虑客运、货运。若有水上航运的要求，交通规划须首先予以满足。然后考虑游船线路的规划。码头的设置，需充分考虑与其他交通设施的换乘、转换之需。

（5）静态交通

分为两大类：一类为人群的停留——广场。滨水广场需首先满足一般的集散要求，其面积根据区段的人流量进行综合考虑；其次适应民众观赏水景的需求，保证最佳的观景要求。小型广场根据路径通行的距离，进行综合考虑设置。

另一类是车辆的停泊——停车场。停车场的选址应该根据道路交通的有关规范，同时兼顾方便大众使用的原则。提倡生态设计。

（6）水下交通

根据实际的需要，考虑机动车或人行的水下隧道交通，可以大大提高穿越水体的效率，同时可以设置观光通道，满足不同角度游览的需要。

（7）桥梁

桥梁是滨水区特有的交通方式，同时兼具景观形态的作用。

4.2.6 滨水绿地种植设计

滨水景观环境生态层面，是整个滨水区景观系统规划的基础和前提。应该在充分调查现状的基础之上，强调保育为主，开发建设为辅的原则。垂直滨水带开辟绿色通道，结合滨水带蓝色廊道以及滨水顺行的绿色生态廊道，共同组成滨水绿色通道网络。这样既能满足滨水生态的生长发育，同时又可以提供大众的行为活动空间以及体现鲜明的视觉形象。

植物可以衬托滨水区的景色，但不能过度种植，否则将会阻碍朝水面的展望效果和眺望效果。

对于滨水区的种植绿化，树木种类高度及枝叶状况以及种植场所要充分考虑。要保证水边眺望效果和通向水面的街道的引导，保证合适的风景通视线（见图4-19）。

图4-19　"绿荫下的红飘带"实景，大量原生植物保留，实现绿色廊道的自然过渡

（1）滨水绿地种植设计的基本原则

1）植物品种选择的地方性原则。以培育地方性的耐水湿植物为主，同时高度重视滨水的植物群落。

2）规划中的自然化原则。城市滨水的绿化应尽量采用自然化规划。植物的搭配——地被、花草、低矮灌木丛与高大乔木的层次和组合，应尽量符合水滨自然植被群落的结构，避免采用几何式的造园种植方式。在滨水生态敏感区引入天然植被要素，如在合适地区植树造林恢复自然林地，在河口和河流分合处创建湿地，转变养护方式，培育自然地被，同时建立多种野生生物栖息地。这些自然群落具有较高的生产力，能够自我维护，只需进行适当的人工管理即可。具有较高的环境、社会和美学价值，同时在能耗、资源和人力上具有较高的经济性。

（2）绿化的层次

1）乔木。乔木以其树高和发达的根系构成了滨水绿化的最上层和最下层，尤其是在缺乏绿地的城市滨水区，乔木的生长冠幅，使其在较少的绿地率上获得较大的覆盖率，进而影响滨水区的生态。乔木生长要求的土层厚度较深，一般不宜小于1.5m。在城市滨水区土层厚度较浅处，可采用浅根或须根乔木，以保证生长。乔木发达的根系有利于防止水分和土壤的流失、防止水流的冲刷，保证滨水绿化环境的稳定性。许多滨水湿地自然景观的退化就是从乔木的大量散失开始的。失去了乔木，滨水区从自然湿地到次生湿地，再到荒滩，这种生态和景观的改变呈直线型，有了乔木的次生湿地则可以较长时间稳定的维持其生态和自然景观，所以保护城市滨水区的乔木尤为重要。乔木是其他植物乃至动物的保护伞和庇护所。

在景观上，滨水区的乔木易在尺度上同水体形成协调和呼应。大片的林地分割了城市的喧嚣，营造了滨水区静谧舒适的环境。在大尺度空间里乔木成了绿化的先导和特色，是形成统一绿化景观的有效手段。滨水区常用的绿化乔木有：垂柳、桃、芒果、香樟、细叶榕、水杉、水松、落羽杉、重阳木、乌桕、无患子、槭树、池杉、三角枫等。

2）灌木。灌木构成了绿化层次的中间层。同乔木相比，其根系生长所需的土壤层较浅，为0.3~1.2m之间，易于在比较浅薄的土层上存活；同草本相比，其自身有丰富的色彩和形态，孤植、丛植、群植等都可以构成美丽的景观。灌木类尤其是开花类灌木可以用于滨水区绿化的种类很多、色彩艳丽、季相变化丰富，选择性大，适应性强。在滨水区广场中，人工铺装多而土壤较少时，可以使用花盆、花钵的形式随意摆放。但花灌木也存在一定的缺点，只有灌木类构成的绿地，其绿化群落层次单调、不稳定，且景观往往显得琐碎，并缺乏景观上的点缀。花灌木花期长短不一，盛花期和败花期景观差异较大，人工养护和管理消耗较大，需要及时地更换以保证良好的滨水景观。

滨水地区常用的绿化灌木有南天竹、含笑、黄杨、夹竹桃、桂花、八角金盘、杜鹃、海桐、扶桑、凤尾兰、月季、八仙花、云南素馨等。

3）草本。草本处于滨水绿化较下层。包括常见的草坪植物，还有低于20cm的地被植物，如白三叶等。草本植物往往需要大面积栽植才能形成一定的规模和景观。同时，草本植物也是城市滨水区见缝插绿的好材料。同乔灌木一样，草本植物对于防止滨水区水土流失、维持生态景观发挥了重要作用。滨水区大面积伸向水面的缓坡草坪，给人们提供了绝佳的游戏休闲场所。

滨水区常用绿化草本植物有水仙、鸢尾、铺地柏、葱兰、沿阶草等。

要解决绿化规划与防洪工程规划之间的矛盾。大多数滨水带景观规划设计项目首先要做到防洪整治，然后再考虑景观，按照防洪标准，水利部分希望堤上不要种树，景观游憩则希望大树遮阴，这是滨水景观规划设计中的一个极为突出的矛盾。在滨水区，做一些树穴，树生其上，人行其下，是一种折中的无奈之举。

4.2.7 滨水绿地竖向规划

满足防洪工程需要，是竖向规划的前提，是滨水区景观的基本保证。尽可能将工程自然化，注意利用水位变化这一自然过程，创造出生态湿地、生态步道等极具个性的生态景观。合理利用地形地貌，减少土方工程量。满足排水管线的埋设要求。避免土壤受到直接冲刷。

滨水绿地竖向规划包括地形地貌的利用，确定道路控制高程、地面排水规划及滨水断面处理等内容。

（1）生态湿地

由于水位的涨落，处于常水位与最高水位之间的地带，由于地表经常过堤，水分停滞或微弱流动等原因，常形成湿地景观（见图4-20）。一般认为，湿地在维持区域生态平衡中具有良好的作用。首先，湿地具有湿润气候、净化环境的功能；其次，湿地有很大的生物生产效能，植物在有机质的形成过程中，不断吸收二氧化碳和其他气体，特别是有害气体，从而净化空气；再次，湿地堆积物具有强大的吸附能力，能吸附工业水体中的有毒物质，有助于净化水体；最后，湿地蕴藏着丰富的动植物资源，为实现生物多样性提供了多类型环境。因此，调节水位形成生态湿地，是进行生态保护的一大措施，是实现滨水区"生态化"的重要途径。

（2）生态步道

生态步道位于可能被水体淹没的区域内，由于水位不稳定，将随着水位涨落时隐时现，形成一条与自然景观要素融为一体的游览线路。生态步道被设计成软质景观（植被、土壤等）与硬质景观（卵石、当地石块等）相间的形式，加强了景观要素之间的相互渗透（见图4-21）。

图4-20 "绿荫下的红飘带"湿地植物群落

图4-21 "绿荫下的红飘带"木栈道

（3）亲水空间

在满足防洪的标准前提下，改变目前普通模式常用的筑高堤、架围栏、断面简单而僵硬的做法，将人与水在空间上、视觉上、心理上融为一体。通过入水踏步、亲水平台、漫水桥、戏水桥、斜坡绿地等空间处理手法，为人类的亲水性提供充足的场所（见图4-22~图4-27）。亲水平台高于常水位0.50m，戏水桥高于常水位0.25m，漫水桥高于常水位0.15m。

图4-22 圆形汀步

图4-23 自然汀步

图4-24 国外某河道生态亲水空间　　　　图4-25 亲水木平台

图4-26 分层次下沉亲水休息区　　　　图4-27 滨水自然驳岸可视水位情况通行

4.2.8 滨水景观详细规划

　　总平面布局主要是指具体规划空间的落实，包括坐标定位、基本尺度的确定、基本内容的平面落实等。竖向设计包括对场地排水的规划、确定详细标高、进行土方平衡等。总体的设计原则是配合完成空间的景观组织，减少填挖方，维持现有自然的地形地貌。

　　此阶段绿化设计的重点是种植设计。需要落实具体的树种、树穴形式、栽培要求、花坛设计、植物造景艺术等。

　　管网综合设计主要内容是给水排水、电力电信等。特别注意排水、照明管网，这两项是滨水景观设计中对于基础工程实施要求最高的。对于雨水，提倡经清洁过滤后明沟自然排放；对于污水，要求统一集中处理达标后排放。

　　环境小品设计包括以下内容：

　　交通类：路标、指示牌、向导图、交通岗、信号灯、公交候车亭、出租车候车亭、道路分隔带、导盲设施等；

市政类：各类盖板、消防栓、机动车道路照明、步行照明、装饰照明、变电箱、配电箱、电话亭、邮政信箱、垃圾箱等；

生态类：生态栈道、树穴、支架、花坛、鸟巢等；

宣传类：公用广告、商业广告、店铺招牌、书报栏、宣传栏等；

服务类：治安服务指示、服务箱、有线广播、书报亭、饮水处等；

休憩类：滨水小广场、表演舞台、坐凳、儿童活动设施；

装饰类：雕塑、小品、各类临时性设施；

商业类：售货亭、书报亭等。

设计图纸包括以下内容：

总平面图（1∶100~1∶500）；

竖向设计图（1∶100~1∶500）；

种植设计图（1∶100~1∶500）；

地面铺装规划图（1∶100~1∶500）；

滨水堤岸断面设计图（1∶50~1∶100）；

环境小品规划图（1∶50~1∶100）。

4.3 驳岸设计

驳岸是水域和陆域的交界线，在滨水区也是陆域的最前沿。看水时，驳岸也会自然而然地进入视野之中。人想要接触水必须通过驳岸，所以驳岸设计对于滨水绿地设计具有重要意义。驳岸设计的好坏可以决定滨水绿地能否成为人们喜欢的空间。

驳岸是水体边缘起到防护作用的工程构筑物，由基础、墙体、盖顶等组成，修筑时要求坚固和稳定，防止土体因为水流冲刷作用而被侵蚀。不同特点的滨水岸线有不同的营造模式。

4.3.1 滨水岸线分类

根据水域岸线水文、地质、两侧绿带宽度、河流弯曲度，以及人类滨水活动的频率和强度可以将滨水岸线分为以下六种类型。

第一类是建筑和码头等构筑物集中分布的岸段；第二类是人们滨水活动频率高、强度大且人们具有亲水需求的岸段；第三类是人们滨水活动频率和强度一般且有亲水需求的岸段；第四类是滨水岸线受水冲刷较为严重又需要维护岸线边界的岸段；第五类是较少人类活动且受水流作用较为明显的岸段，一般是河流的凹岸；第六类是较少人类活动且受水流冲刷作用较小的岸段，一般是河流的凸岸。

4.3.2 驳岸设计

滨水驳岸设计根据工程、景观等要求，首先满足防洪防涝的基本要求；其次满足水体生态环境本身的要求；最后满足城市与景观规划的要求，加强驳岸的设计，满足水体的生态过程。

驳岸设计时要注意以下三点：

第一，必须注意它的治水性质，只有充分发挥治水功能，人们才能在水边安心赏玩。

第二，要保证亲水性，无论站在哪里，人们都应该能够看到水面，接近水面比较容易，欣赏美丽水景的同时甚至可以接触到水。

第三，安全性，驳岸设计一方面将水域和陆域分开，另一方面又将二者相连接。水给人以柔美的感受，同时深浅莫测充满危险，尤其是在深水区域或是水流湍急的滨水段，过分强调亲水而忽视安全则是危险的。

纯自然驳岸没有石砌，水面陆地之间慢慢地相互渗透，交接地带往往形成一部分浅水区，烂泥沼泽。按照可持续发展的要求，当代滨水绿地驳岸设计则多采用生态驳岸的形式，生态驳岸指恢复后的自然河岸"可渗透性"的人工驳岸，它可以充分保证河岸与河流水体之间的水分交换和调节功能，同时具有一定的抗洪强度。除了护堤抗洪的基本功能外，还对滨水生态系统有着很多促进功能。如滞洪补枯、调节水位；增强水体自净，改善河流水质；对于河流生物起重大作用，形成一个水陆复合型生物共生的生态系统。

根据驳岸的形态可以分为以下几种类型：垂直式驳岸、倾斜式驳岸、台阶式驳岸、人工沙滨；根据驳岸施工所使用的材料和施工方法的不同可以分为植物驳岸、生物工程驳岸、硬质工程驳岸。

植物驳岸主要使用植物材料，以保持自然堤岸特性，如种植柳树、芦苇、菖蒲等具有喜水特性的植物，由它们生长舒展的发达根系来稳固堤岸，加之其枝叶柔韧、顺应水流，从而增加抗洪、护堤的能力（见图4-28）。

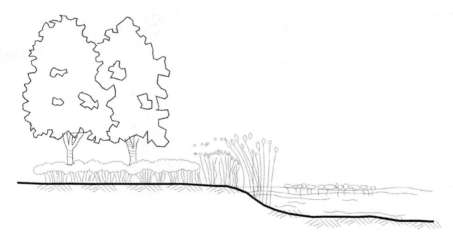

图4-28　植物驳岸

该种类型的驳岸适用于现状条件较好，对河道护岸没有限制的河道；以维持河岸原生态为目标，适当丰富植被种类，稳固堤岸；采用自然土质岸坡，保持河道的弯弯曲曲，维持天然河道断面。从坡脚到坡顶，坡岸依次分为若干区域，运用不同的植物（沉水植物—挺水植物—湿生草本与灌木—绿化乔灌木），形成植被错落有致、季相色调丰富的怡人景观，既能感知四季时节的变迁，又不失绿意盎然的活力；为水生植物的生长、水生动物的繁衍和两栖动物的栖息繁衍创造条件。

生物工程驳岸主要使用植物、木材或石材的混用施工方法来防止侵蚀、控制沉积，同时为生物提供栖息地。不仅种植植被，还采用天然石材、木材护底，以增强堤岸抗洪能力，如在坡脚采用石笼、木桩或浆砌石块（设有鱼巢）等护底，其上筑有一定坡度的土堤，斜坡种植植被，实行乔灌草相结合，固堤护岸（见图4-29）。

该类型的驳岸适用于对河岸稳定性有要求，但目前尚未固化的河道；适用于对生物保护有重要意义的河道；此类河道应尽量保持近自然状态，尽量维持缓坡，尽量使用可以透水的自然材质。

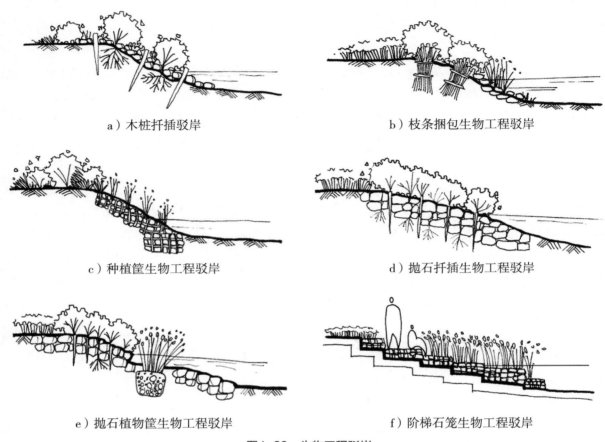

a）木桩扦插驳岸　　　　　　　　　　b）枝条捆包生物工程驳岸

c）种植筐生物工程驳岸　　　　　　　d）抛石扦插生物工程驳岸

e）抛石植物筐生物工程驳岸　　　　　f）阶梯石笼生物工程驳岸

图4-29　生物工程驳岸

硬质工程驳岸是在自然型护堤的基础上，再用钢筋混凝土等材料、格笼（木、金属、混凝土预制构件）、金属网笼、预制混凝土构件等，确保其抗洪能力。（见图4-30）

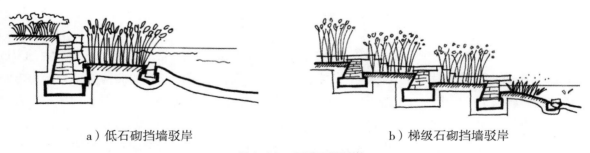

a）低石砌挡墙驳岸　　　　　　　　　b）梯级石砌挡墙驳岸

图4-30　硬质工程驳岸

适用于对于河岸具有严格的稳定性要求，在河道常水位以下，设置低挡墙（低陡坡）；挡墙（陡坡）采用毛石干砌，以保证河流和大地之间的水循环，保证水、气的渗透顺畅，从而为植物、昆虫及其他小动物提供良好的生活空间和生长环境。挡墙（陡坡）顶部为亲水叠石平台，叠砌天然石块；墙内侧布置绿化带和卵石步道。

4.4 河滨林荫道设计

河滨林荫道是城市中临河流、湖沼、海岸等水体的道路绿地。河滨林荫道毗邻水域，其自然环境与其他道路不同，故绿化应与一般道路有所区分，植物配置要考虑空间层次、色彩搭配。其侧面临水、空间开阔、环境优美，是游人休憩的场地，特别是夏日和傍晚，其作用不亚于风景区和公园绿地。

4.4.1 河滨林荫路的规划设计

常见的河滨林荫路一侧是城市建筑，在建筑与水体之间设置绿化带。在水面不十分宽阔、对岸又无风景时，河滨林荫道可以布置得较为简单，沿岸可设置栏杆、修筑游步道、成行种植树木、树间安放座椅，以供游人休息（见图4-31）。

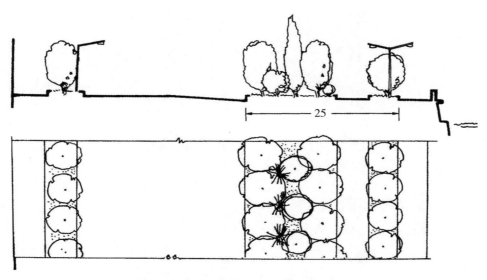

图4-31 河滨林荫道绿化模式示意图

如果水面宽阔，沿岸风景绚丽，对岸景色优美，沿水边就应设置较宽阔的绿化地带（见图4-32）。设计时根据亲水原则，将游步道尽量贴近有水的一侧，铺装场地及设施的安放也应便于欣赏水景。在可以观看风景的地方应设计成小型广场或凸出岸边的平台，以供人们凭栏远眺；在水位较低的地方可以因地势高低，设计多层平台；在水位较为稳定的地方，驳岸应尽可能砌筑得低一些，以满足人们的亲水感。

在具有天然驳岸的地方，可以采用自然式布置的游步道和树木。没有铺装的场地均要进行绿化，采用草皮满铺或是采用乔灌草相结合的方式进行处理。

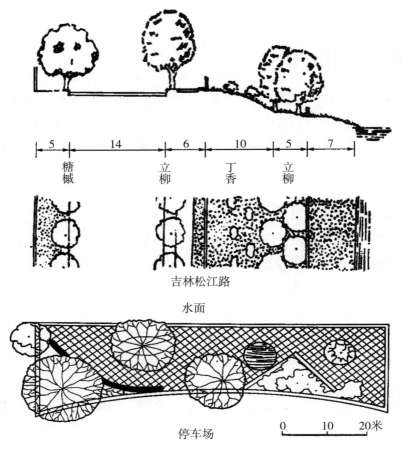

图4-32 吉林松江路河滨休闲绿地

4.4.2　河滨林荫路种植设计

　　河滨林荫道在植物选择方面，低湿的河岸或一定时期水位可能上涨的水边，应特别注意选择能适应水湿和盐碱的树种。在绿化布置上，临水一侧要便于人们观赏和眺望风景，树木不易种得过于闭塞，但林冠线要富于变化，乔木、灌木、花卉、草坪混合使用，以丰富景观。河滨林荫道除了遮阴、美化功能外，还要兼具防浪、固堤、护坡等作用，因此要注意斜坡上的绿化处理。可与花池结合起来种植花卉、灌木，也可以用护坡砖结合草坪、树木，避免水土流失、美化水岸。河滨林荫路的游步道与车行道之间应尽可能地用绿化带隔开，以保证游人安静休息和安全。

项目案例分析

　　——典型案例

　　1. 苏州金鸡湖滨水景观设计

　　金鸡湖景观综合整治工程位于苏州市东区——苏州工业园区的中心部位，其水域面积7.38km²，规划定位为开放的城市湖泊公园。苏州工业园区70 km²总体规划为三个区域，每个区域均遵循从北往南依次为工业区、居住区、中心商贸区、居住区、工业区，东西向以苏州干将路的延伸为中轴线的规划原则，其目的在于创造一个高科技的商业与居住的混合型滨水社区，以满足国际化大企业的办公与生活标准。金鸡湖是轴线上的一颗明珠，在总体规划上与园区的总体规划相符合。根据总体规划思路，将金鸡湖沿岸地区分成了八个鲜明的片区（见图4-33），分别为大型滨水空间的城市广场（见图4-34）；以亲水公园、带状绿地林荫道及住宅群构成的湖滨大道；林荫道与运河贯穿小岛的水乡住宅别墅群金姬墩；连接运河水网、延续姑苏水城风貌的水巷邻里；富有生态教育内涵的望湖角；综合公共艺术与文化设施的文化水廊；公园与住宅精美构建的玲珑湾；用淤积湖泥堆建的集自然生态保护区、野生动物保护区和观鸟区于一体的湖中波心岛。

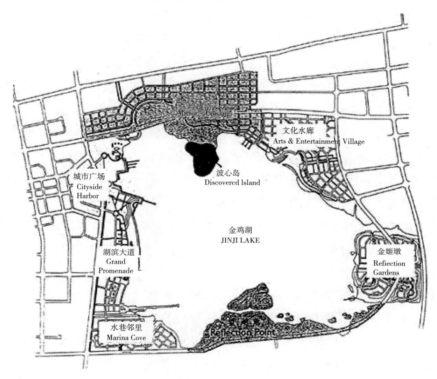

图4-33 金鸡湖分区图

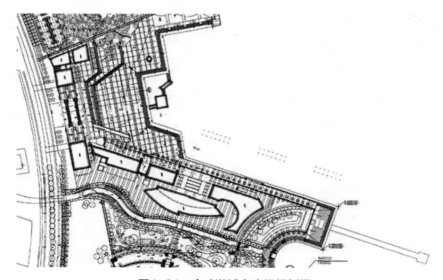

图4-34 金鸡湖城市广场规划图

金鸡湖滨水景观规划设计着重两个方面的内容：一方面，表现苏州古城的历史文化内涵；另一方面，帮助其实现建设一个现代化国际都市的目标。景观设计在尊重苏州传统历史文脉的基础上，将旧城与新城、商业与娱乐，生活与教育功能结合起来。

金鸡湖滨水景观规划设计的特点：创造各种不同用途、大小不一的开放空间；将岸线空间与已建成的环境融合起来，精心处理开放空间和建筑地区交界的边缘线，使之富有变化，以创造一个充满趣味的空间和生动的湖滨环境；将商业和公共建筑融入重要的开放间区域，以带动空间的流动性和开放性；在开放空间系统中提供各种娱乐性和教育性的场所；针对每个不同的小区塑造特色，同时在视觉及建筑语汇上保持一定程度的连贯性；限制开放空间中的车流量至最低程度，提倡乘坐公交车到公共公园和水边，尽量减少自用车的流量；所有街道的朝向面向金鸡湖，使每个住户皆有良好的视野；留心水质改善的最新科技，从生态的角度改善金鸡湖水质。

根据环境优先、生态保护原则，金鸡湖与周边区在规划设计中按照"斑块—廊道—基质"的模式形成了一个完整的生态系统。

"斑块"是存在的有一定面积的自然区域。以维系一定的动植物群体及涵养水源，包括湿地斑块——芦苇荡，位于波心岛与北岸陆地相连处，用于净化水质；自然植物斑块——望湖角，位于南侧机场路以南自然岛屿，用于保护本地植物与鸟类；湖滨大道——位于湖西人工坡地绿化公园；金鸡湖面——鱼类、水生鸟类、水生植物的保护区域。

"廊道"指联系孤立的景观元素及斑块之间的线性结构体，包括：水面——联系各主要斑块；道路系统——沿湖有较稠密的车行、步行系统，是连接相邻斑块的线性走廊；间隔的沿湖绿地——间断性廊道是跳板。

金鸡湖是目前中国水体最为洁净、面积最大的城市湖体之一，规划中保留了一些原始的河、湖、浅滩；水下部分采用"块石驳岸"，水上部分用当地的自然风化石作为自然堆筑，石缝之间以两栖鸢尾、麦冬、草坪点缀，尽可能保持自然河滩的原始风貌。为了维护水体的高质量标准，沿着水流方向创造天然湿地作为农田与城市雨水排放的天然过滤网。同时将雨水统一收集，进入城市雨水管网系统，经过滤处理后再排入湖中。滨水带的南部区域设计了一个大型的生态公园"望湖角"，用于天然净化水中杂质与有害矿物质，并且便于保护各类留、候水鸟栖息，同时用来对公众进行各式的生态环保教育，包括环境可持续性发展的重要性、水体质量的维护、湖区资源的保护等。在观景地区与教育型设施处，加强环境保护力度。

金鸡湖的设计原理是通过采用最少的景观设计元素来提升人们对于天然景观元素的感受，最终作为城市内所有的居民和外来游客共同休闲使用，因此在规划时使用了超常规的超大尺度概念，同时融入20世纪六七十年代西方大地艺术思潮及设计手法的影响，注重设计空间与大自然的自然力、自然空间的融合。在规划中，湖滨大道长634m，一反园林小路宽不过3.0m的常规做法。湖滨大道宽15m，分上下两层，低处湖滨大道宽9.4m，高处宽4.075m，中间连接台阶宽1.525m，以每2m一个色带铺地变化重复，建成后气势宏大，与湖面尺度较为和谐（见图4-35~图4-37）。

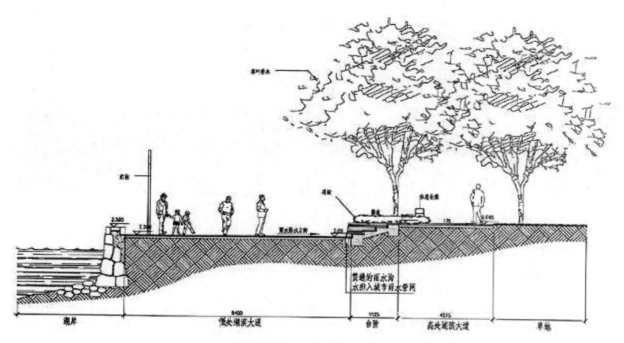

图4-35 湖滨大道断面图

图4-36 湖滨大道

图4-37 城市广场中间台阶

在历史传承的问题上，设计当中鼓励使用本地出产的材料，如花岗岩和木材，并通过传统的技术进行加工。对本土材料的选择主要是为了与苏州旧城相呼应，对苏州旧城所具有的风格、材质以及色彩用一种国际化的现代手法进行诠释。如规划设计中选用苏州传统园林中卵石小径这一传统元素，在湖滨大道上做了两块铺地，材料、施工工艺均是苏州本地做法，但图案不是传统的"寿""福""鸟""鱼"纹，而是现代感十足的抽象几何平面纹样，使得人们在长距离的行走过程中，能感受到苏州传统园林的信息。同时弧形观景台旁设置了一座桥梁，桥梁下有一个面积约150m²的荷花池，用不规则景石做池壁，池底满铺白色鹅卵石，有苏州园林水景的痕迹。在另一处沿湖小广场的铺装上，按照中国十二生肖和天干地支的排列方法，设计了一个"农历广场"，增加了游玩的文化性和参与性。

如何让人与湖水进行直接接触是本项目重点解决的问题，采用了三种处理方法：一是亲水木平台，二是亲水花岗岩大台阶，三是挑入湖中的木舞台，无论一年四季水涨水落，人们总能触水、戏水、玩水（见图4-38、图4-39）。

图4-38 金鸡湖亲水台阶 　　　　　　　　　图4-39 金鸡湖亲水木平台

规划设计中注重软质和硬质景观立体层次的设计。软质景观中种植乔木、灌木时，先堆土成坡，再分层高低立体种植；硬质景观则是运用上下层平台、道路等手法进行空间转换和空间高差创造。尤其是沿湖滨水域标高做了四段划分，从城市往湖靠近依次为"望湖区"（宽80~120m的绿化带区域）；"远水区"（高处湖滨大道，由乔木与灌木形成半围合空间）；"见水区"（低处湖滨大道，9.4m的宽阔花岗岩大道）；"亲水区"（可戏水区域），这样既满足了驳岸设计的防洪要求，又将人们逐渐、逐级引入水面之中，使得整个区域在三维空间中变得丰富多彩。

在金鸡湖滨水景观设计中高新技术的应用十分广泛，如地面光纤照明、4m高沿湖柱式照明、彩板玻璃砖装饰的厕所、水幕广场人工喷泉、LED等。

2. 郑州市郑东新区如意湖滨水景观设计

河南省郑州市郑东新区规划引入先进的城市发展理念，风格独特，主要表现在五个方面：一是生态城市，通过道路、河渠、湖泊的绿化建设构建生态回廊，将龙湖生物圈与嵩山生物圈、黄河生物圈有机相连，形成生态城市；二是环形城市，通过规划科学、布局合理的环形道路及CBD和CBD副中心的环形建筑群形成一个独具魅力的环形城市；三是共生城市，新区规划重视城市发展与自然生态保护相协调和保持历史、现实与未来的延续性，体现了新区与老城、传统与现代、城市与自然、人与其他生物的和谐共生；四是新陈代谢城市，借用生物学的概念，通过组团式发展、营造良好的生态系统，促进城市的可持续发展，体现了新陈代谢的理念；五是地域文化城市，规划体现了东方文化特别是中原文化特色，根据龙的传说及湖的形态，将规划中的人工湖取名为龙湖，彰显出浓厚的传统文化内涵、鲜明的城市个性和独特的城市空间形象。

如意湖位于郑东新区CBD中央花园的中心，占地约160亩，最深水位达3.5m，湖区注水量约26万m³，与如意河、昆丽河、金水河、熊儿河等形成一个完整的城市生态水系。CBD中心与CBD副中心通过如意河相连，空中俯瞰，酷似中国传统的吉祥物"如意"，如意湖因此而得名（见图4-40 ~ 图4-42）。

如意湖湖水通过如意河同人工湿地相连，采用生态环保的人工湿地生物处理技术对湖水净化处理，同时引用高新技术，在湖内种植生态基净化水质。湖心岛上安装有大型数控综合水景表演系统，漂浮平台长156m，宽70m，安装有各式喷头近2600个，水下彩灯7200多盏，喷头可随着湖水的高低上下任意调节。喷泉水型达到二十余种，主喷高度达80m，集音乐喷泉、水幕电影、艺术激光、特色灯光和多元音乐于一体。

环湖木栈道长约千米，为游人漫步湖畔、休闲游憩提供了富有情趣的亲水平台。湖岸边林木成荫，周边建筑飘逸流动（见图4-43、图4-44）。

如意湖的西北部是雅俗共赏的时尚文化广场，广场占地约10000m²，是郑州会展中心功能的延展与补充。广场是东区的"客厅"，也是整个CBD中央公园不可或缺的组成部分。

图4-40　郑东新区CBD全景鸟瞰

图4-41　如意湖环湖鸟瞰1

图4-42　如意湖环湖鸟瞰2

图4-43 如意湖环湖木栈道　　　　　　图4-44 如意湖桥下水域与木栈道

——学生作品

河南职业技术学院东西湖周围景观设计

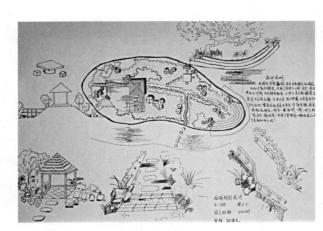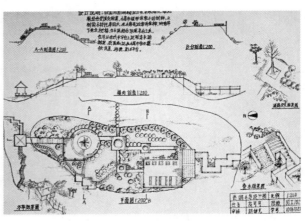

园林工程2010级　周小卜　　　　　　园林工程2010级　高可可

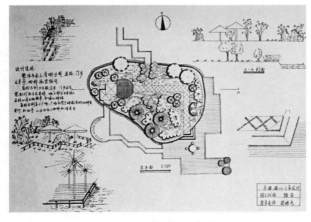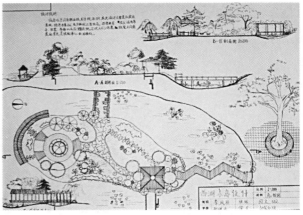

园林工程2010级　顾浩　　　　　　　园林工程2010级　李凤丽

园林工程2010级　王帆

中山岐江公园设计

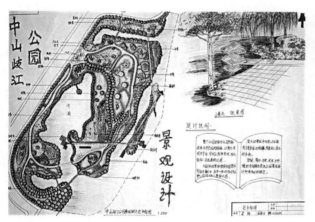

园林设计2010级　迭培

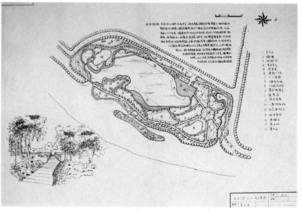

园林设计2010级　马会兰

园林设计2010级　白广超

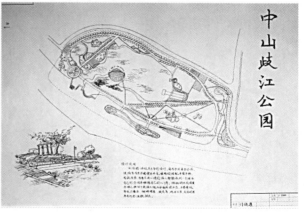

园林设计2010级　付晓遵

某临城市河道银行广场景观设计

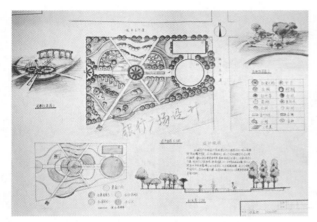

园林设计2010级　张晨彬

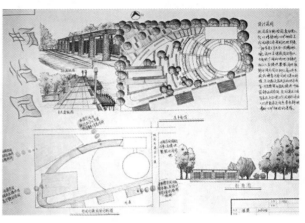

园林设计2010级　程楚楚

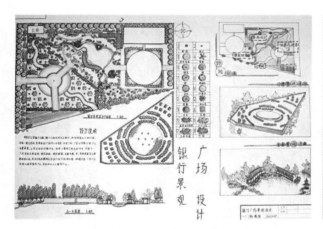

园林设计2010级　杨燕丽

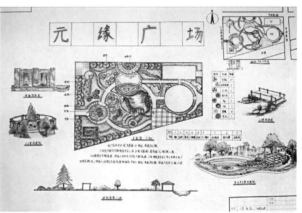

园林设计2010级　冯永红

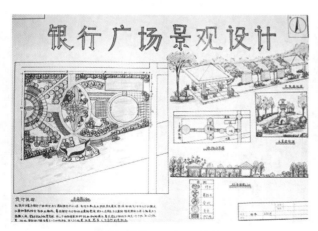

园林设计2010级　林伟

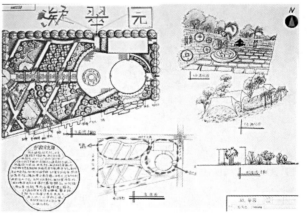

园林设计2010级　孙文杰

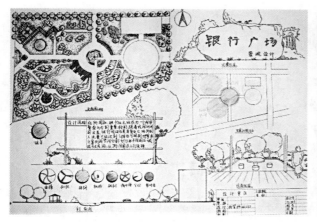

园林设计2010级　杨登科

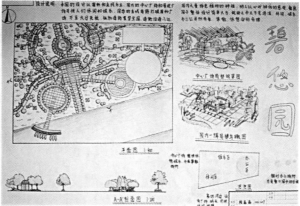

园林设计2010级　段晶晶

项 目 训 练

——项目任务　某城市滨水广场景观设计

某城市滨水广场，中心建筑为银行的主楼和配楼，圆形建筑的出入口位于东西两侧，配楼入口位于北侧。场地北侧为城市主干道，南侧临城市河道，东侧为商业区，西侧为居民区（平面图如下所示）。该滨水广场要求既能满足银行工作人员与办事人员的休息停靠，又能够为周边人群提供日常休闲娱乐的场地，要求合理利用河道，以营造水绿萦绕的景观效果。

——项目设计过程

设计实例和工程实例解读—设计项目综合分析—设计定位—设计形式确定—草图—修改—方案定稿—成套方案设计。

——项目设计要求

手绘或电脑作图；设计成果有设计说明、平面图、分析图、局部小景图、立面图、剖面图、主要景观小品详图、植物种植图。

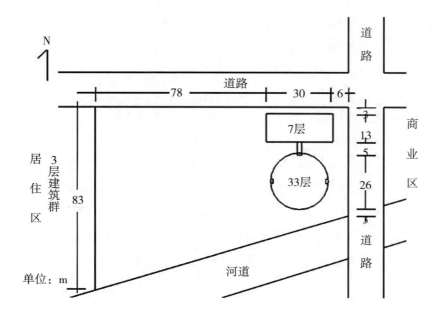

项目 **5** 城市广场设计

项目内容 本单元内容是使学生了解城市广场的概念和分类，了解城市各类型广场的功能和造景原则，了解各类型广场的平面布局形式和空间特征，掌握常见城市广场景观设计方法及其与地域、历史、文化的关系，掌握城市广场植物设计原则和植物的选择。

5.1 城市广场概况

5.1.1 城市的发展概述和定义

城市广场的建造源于人们对社会交流的心理需要。人们以广场为媒介，通过各种方式来表达自己的思想、相互交换意见，传递信息与情感。"广"者，宽阔、宏大之意也，"场"，指平坦的空地。"广场"，即广阔的场地，是指由两条或几条街道汇合处形成的空地（《语言大典》，王同亿主编，三环出版社，1990年），今特指城市中广阔的场地，如天安门广场（《古今汉语词典》，商务印书馆，2000年）。

国内一般对现代广场有这样的定义：它是为满足多种城市社会生活需要而建设的，以建筑、道路、山水、地形等围合，由多种软、硬质景观构成，采用步行交通手段，具有一定的主题思想和规模的结点（Nodes）型城市户外公共活动空间，具备公共性、开放性和永久性三个特征。

国外专家对广场的认识较之国内具体许多。他们认为：广场是被有意识地作为活动焦点；通常情况，它经过铺装，被高密度的构筑物围合，有街道环绕或与其相通；有清晰的广场边界；周围的建筑与之具有某种统一和协调，D（场地长宽）与H（周边建筑高度）有良好的比例。

克莱尔·库珀·马库斯和卡罗琳·弗朗西斯合著的《人性场所》的观点是：广场是一个主要为硬质铺装的、汽车不能进入的户外公共空间，其主要功能是漫步、闲坐、用餐或观察周围世界。

广场一般是由建筑物、街道和绿地等围合或限定形成的城市公共活动空间，是城市空间环境中最具有公共性、最富艺术魅力、最具活力，最能反映城市文化特性的开放空间。

现代城市建设在经过一段"功能至上"和"唯物质论"的追求后，开始认识到改善城市生态环境和生活质量的重要性。价值观念也由简单追求"效率、实用、方便"转为重视"历史、文化、环境"。从注重空间转为注重场所。现代城市广场与古典广场相比，无论是在内涵还是形式上都有很大的发展，特别表现在对城市空间综合利用、立体复合式广场的出现、场所精神和对人的关怀、绿地的增加，以及现代高科技手段的运用等方面。从某种意义上讲，广场是市民心目中的精神中心之一，体现着城市的灵魂。不是摆在那里作为一幅画、一件展品，让人去参观、去欣赏，它必须要融入城市居民的生活。因此，城市广场的规划设计要明确一个基本点：简洁实用，为市民服务，以人为本。

5.1.2　城市广场的类型及特点

广场的类型多种多样，广场的分类主要是从广场使用功能、尺度关系、空间形态、平面组合和剖面形式几个方面的不同属性和特征来分类。

以广场的使用功能分为集会性广场、纪念性广场、交通性广场、商业广场、文化休闲广场、公共建筑前的集散广场和公园、风景区、住宅区、学校等入口或内部的小型广场；以尺度关系可分为大型广场、中小型广场；以平面形式可分为单一形状广场和复合形状广场；以剖面不同可分为平面型和立体型广场；以广场的材料构成分为以硬质材料为主的、以绿化材料为主的广场、以水质材料为主的广场。

目前得到普遍采用和认可的是以广场的使用功能进行的分类，下面的论述也是以此分类方式进行。

（1）集会性广场

集会广场一般用于政治、文化集会、庆典、游行、检阅、礼仪、民间传统节日等活动，如政治广场、市政广场、宗教广场等，这类广场不宜过多布置娱乐性建筑和设施。

集会广场一般都位于城市中心地区。这类性质的广场，也是政治集会、政府重大活动的公共场所。如天安门广场、上海人民广场、兰州市中心广场等（见图5-1）。在规划设计时，应根据游行检阅、群众集会、节日联欢的规模和其他设置用地需要，同时要注意合理地布置广场与相接道路的交通路线，以保证人群、车辆的安全、迅速汇集与疏散。

a）北京天安门广场鸟瞰

b）上海人民广场鸟瞰

图5-1　集会性广场

a）威尼斯圣马可广场

b）罗马圣彼得广场鸟瞰

图5-2　宗教性广场

集会广场中还包括宗教广场，它一般在教堂、寺庙及礼堂前举行宗教庆典、集会、游行。宗教广场上设有供宗教礼仪、祭祀、布道用的平台、台阶敞廊。历史上宗教广场有时与商业广场结合在一起。而现代宗教广场已逐渐起到市政广场和娱乐性广场的作用（见图5-2）。

集会广场是反映城市面貌的重要部位，因而在广场设计时，都要与周围的建筑布局协调，无论平面立面、透视感觉、空间组织、色彩和形体对比等，都应起到相互烘托、相互辉映的作用，以反映出中心广场非常壮丽的景观。

广场及其相接道路的交通组织甚为重要。为了避免主干线上的交通对广场的干扰，在城市道路规划与设计中，必须禁止快速干道和主干道上过境交通穿越广场。有时，为了安全、整齐，应规定不允许载重汽车出入广场。

广场内应设有高杆灯照明、绿化花坛等，起到点缀、美化广场以及组织内外交通的作用，另外在广场横断面设计中，在保证排水的情况下，应尽量减少坡度，以使场地平坦。

广场中心一般不设置绿地，多为石材铺装地面，但在节日又不举行集会时可布置活动花卉、盆花摆放等，以创造节日新鲜、繁荣的欢乐气氛。

在主席台、观礼台两侧、背面则需绿化，常配置常绿树，树种要与广场四周建筑相协调，从而达到美化广场及城市的效果。

在集会广场设计中应充分考虑功能要求，以满足人们集会、庆典等活动要求，故而整个广场必须给人以开敞的感觉；应以平面造型为主，避免过多的地形变化；应以大块铺装为主，避免地形分割凌乱；绿化以草坪及小型彩叶矮灌木为主，避免高大苗木遮挡视线，影响交流。这类广场的绿化设计大多以大面积草坪为主，在大草坪上和边角地带点缀几组红叶小檗、黄杨和金叶女贞等彩叶矮灌木，或由彩叶矮灌木组合成线条流畅、造型明快、色彩富于变化的图案。

（2）纪念性广场

纪念性广场根据内容主要可分为纪念广场、陵园广场、陵墓广场。

纪念性广场的主题是因某些名人或历史事件，因而在设计过程中，应充分渲染这一主题，通过在广场中心或侧面设置突出的纪念雕塑、纪念碑、纪念塔、纪念物和纪念性建筑作为标志物，按一定的布局形式，满足纪念氛围象征的要求。

广场的设计应体现良好的观赏效果，以供人们瞻仰。绿化设计要合理地组织交通，满足最大人流集散的要求。

广场后侧或纪念物周围的绿化风格要完善，要根据主题突出绿化风格。

如陵园、陵墓类的广场的绿化要体现出庄严、肃穆的气氛，多用常绿草坪和松柏类常绿乔、灌木。

纪念历史事件的广场应体现事件的特征（如主题雕塑），并结合休闲绿地及小游园的设置，提供人们休憩的场地。如南昌市八一纪念广场，南京市大屠杀纪念馆广场等（见图5-3）。

a）南昌市八一纪念广场　　　　　　　　　b）南京市南京大屠杀纪念馆广场

图5-3　纪念性广场

（3）交通性广场

交通广场包括站前广场和道路交通广场（见图5-4）。

交通广场作为城市交通枢纽的重要设施之一，它不仅具有组织和管理交通的功能，也具有修饰街景的作用，特别是站前广场备有多种设施，如人行道、车道、公共交通换乘站、停车场、人群集散地、交通岛、公共设施(休息亭、公共电话、厕所)、绿地以及排水、照明等。

交通广场主要是通过几条道路相交的较大型交叉路口，其功能是组织交通。由于要保证车辆、行人顺利及安全地通行，组织简捷明了的交叉口，现代城市中常采用环形交叉口广场，特别是4条以上的车道交叉时，环交广场设计采用更多。

a）郑州火车站站前广场　　　　　　　　　b）西安市鼓楼交通广场

图5-4　交通性广场

这种广场不仅是人流集散的重要场所，往往也是城市交通的起、终点和车辆换乘地，在设计中应考虑到人与车流的分隔，进行统筹安排，尽量避免车流对人流的干扰，要使交通线路简易明确。

交通广场绿地设计要有利于组成交通网，满足车辆集散要求，种植必须服从交通安全，构成完整的、色彩鲜明的绿化体系。

（4）商业性广场

商业广场包括集市广场、商贸广场、购物广场，用于集市贸易、购物等活动，或者在商业中心区以室内外结合的方式把室内商场与露天、半露天市场结合在一起。

随着城市主要商业区和商业街的大型化、综合化和步行化的发展，商业区广场的作用越来越重要，人们在长时间地购物后，往往希望能在喧嚣的闹市中找一处相对宁静的场所稍做休息。因此，商业广场这一公共开敞空间要具备广场和绿地的双重特征。所以在注重投资的经济效益的同时，应兼顾环境效益和社会效益，从而促进商业繁荣。

商业广场大多采用步行街的布置方式，使商业活动区集中，既便于购物，又可避免人流与车流的交叉，同时可供人们休息、郊游、饮食等（见图5-5）。

商业性广场宜布置各种城市中具有特色的广场设施。

a）北京西单广场鸟瞰

b）广场下沉后与地下商场连接

c）广场上通向地下商场的入口

图5-5　商业性广场

（5）文化娱乐休闲广场

这类广场主要有文化广场、音乐广场、街心广场等，在现在的城市中，这类广场的数量较大。从广场所发挥的功能来看，任何传统和现代广场均有文化娱乐休闲的性质，尤其在现代社会中，更多的文化娱乐休闲广场已成为广大民众最喜爱的重要户外活动场所，它可有效地缓解市民工作之余的精神压力和疲劳。

为了更好地服务于市民大众的休闲生活，该类广场空间设计应具有层次性和更大的绿化空间，可利用地面高差、绿化、建筑小品、铺地色彩、图案等多种空间限定手法对内部空间做第二次、三次限定，以满足广场内从集会、庆典、表演等聚集活动到较私密性的情侣，朋友交谈等的空间要求。

在广场文化塑造方面，常利用具有鲜明的城市文化特征的小品、雕塑及具有传统文化特色的灯具、铺地图案、座椅等元素烘托广场的地方城市文化特色，使其广场达到地域性、文化性、趣味性、识别性、功能性等多层意义。例如，郑州绿城广场的"黄河魂"雕塑，反映了郑州的黄河文化；郑州文博广场的"少林武僧"雕像，反映了郑州的武术文化。

在现代城市中应当有计划地修建大量的文化娱乐休闲广场，以满足广大民众的需求。这类广场在老城区多是在旧城拆迁改造腾出的空地上进行设计和建设的，广场服务半径小，主要为周边市民日常活动提供场所，同时承载了地方文化的宣传（见图5-6）。

（6）附属广场

附属广场如商场前广场、大型公共建筑前广场等。

公共建筑周围广场承担着集中和分散人流的作用，同时也是公共建筑附属的室外交流空间，成为担任公共建筑功能的一个延伸（见图5-7）。

图5-6 由北京北林地景园林规划设计院设计的郑州市的两处休闲广场—拆迁改造后用地

a）乌鲁木齐市图书馆前广场　　　　　　　　b）河南省会展中心前广场及停车场

c）海南国际会展中心周边广场　　　　　　　d）河南省艺术中心前广场

图5-7 附属广场

a）河南云台山风景区入口广场

b）某高校中心广场效果图

c）某住宅区内部休闲广场效果图

d）某公园入口广场效果图

图5-8　集散广场

（7）公园、风景区、学校、居住区等入口或内部的集散广场

公园、风景区入口处由于是人流集中的地方，同时担任着宣传、停车、售票等功能，往往需要一个大型的入口广场才能满足上述功能，广场多以铺装为主，不过多设置其他景物，在分区规划中属于入口区。公园，特别是风景区，由于面积比较大，人们在游览的过程中需要中途的停留和休息，或是配合主题景观的表达，往往设计内部的广场空间来满足上述功能，设置座椅、亭廊等休息设施。

学校由于大型集会、文体活动、社交交流、升旗仪式等需要，一般在学院入口轴线或是图书馆前建设较大的广场形成学校的一个活跃的交往空间。广场上多设置花坛、水池、座椅、雕塑、广场灯、浮雕墙、钟塔等。

居住区内部广场为住区内人们提供一个休憩、活动、交流的室外空间，常做成下沉广场。周边布置花坛、座椅、长廊等，中心设雕塑、喷泉水池等（见图5-8）。

这类广场因附属于单位或根本不处于城市，所以称不上是城市广场，但其设计原理和方法基本与城市广场相似，在这里只作为一个广场类型阐述。

5.2 城市广场的规划原则

城市广场，尤其是城市中心广场常常是城市的标志和名片，它不仅是城市的象征，也是融合城市历史文化、塑造自然美和艺术美的环境空间。

良好的城市广场的规划建设可以调整城市建筑布局，加大生活空间，改善生活环境质量。

良好的城市广场的规划建设可以充分表现城市的面貌和特征，真正起到城市名片的作用。

不同类型的城市广场应有不同的风格和形式，尤其是广场的性质功能，更是进行广场规划设计的切入点。城市广场多以硬质铺装为主，配合地形的高低变化，点缀水池、雕塑、花坛、园林建筑小品，种植草坪、花灌木、乔木等植物，最终形成美观、实用的广场环境。城市广场的设计总体上应遵循经济、实用、美观的原则。

5.2.1 人性化原则

人性化原则是评价城市广场设计成功与否的重要标准。人是城市广场空间的主体，离开了人的广场是毫无意义的。人性化的创造是基于对人的关怀的物质建构，它包括空间领域感、舒适感、层次感、易达性等方面的塑造。同时，城市广场应充分考虑人的尺度，符合人的行为心理，并创造为人所沟通、交流、共享的人性空间。

5.2.2 整体性原则

基于城市广场是城市空间的组成部分的认识。城市是一个整体，各元素之间是相互依存的。城市广场作为城市的一个重要元素，在空间上与街道相联系，与建筑相互依存，并注重自身各元素之间的统一和协调，它又体验城市文脉，成为城市人文环境的构成要素。

5.2.3 注重地方历史文化特色的原则

基于城市广场是一个历史过程的认识，历史积淀而成的作为城市象征的城市广场，不会也不可能一日而就，它通过人们的生活参与不断发展完善。具有生命力的、可识别的城市广场应是一个市民记忆的场所，一个容纳或隐喻历史变迁、文化背景、民俗风情的场所，一个可持续发展的场所。

5.2.4 视觉和谐原则

基于对广场空间的整体性、连续性和秩序性的认识，视觉和谐原则是体现为人服务的基础原则之一。它表现为城市广场与城市周围环境的有机和谐和自身的视觉和谐（包括由宜人尺度、合宜的形式、悦人的色彩和材料质感所引发的视觉美）。

5.2.5 兼顾私密与公共活动原则

城市广场是一个从自然中限定比自然更有意义的城市空间。它不仅是改善城市环境的结点，也是市民所向往的一个休闲的自然所在。追求自然景观是城市广场得以为市民所接受的根本。

5.2.6 公共参与原则

俗语曰："三分匠，七分主人。"作为城市广场的"主人"——市民的参与是城市广场具有活力的保障之一。公共参与体现了两个方面的内容：一是市民参与广场的设计；二是设计者以"主人"的姿态进行设计。

5.3　城市广场景观设计手法

5.3.1　广场的平面布局形式

　　广场的平面形式有单一形和复合形两种。单一形有长方形（最常见的形式）、正方形、圆形、椭圆形等；复合形由一种或几种单一形组合而成，形成较为变化和复杂的边界（见图5-9）。

　　广场给人的感觉是比较平坦开阔、铺装面积大，所以容易给人造成离散、散漫的感觉，缺乏向

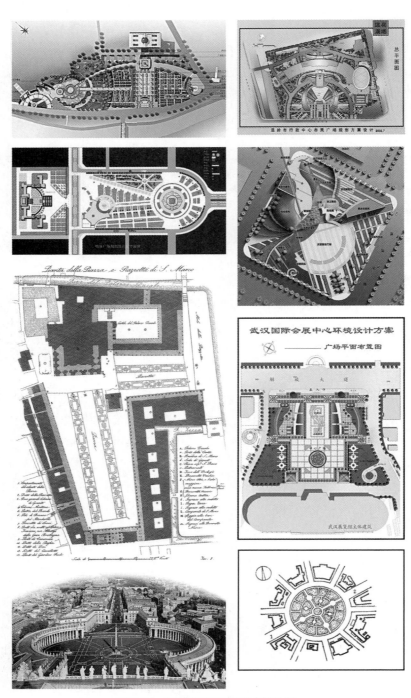

图5-9　各种平面布局形式的广场

心性和凝聚感，造成主题和重点不突出。这就需要设计的时候在广场的轴线，特别是轴线的交叉点（或称之为中心）安排相对高大的景物，同时可采取上升或下沉的手法。

广场的平面形式很大程度决定了广场结构布局，单一形广场的中心大都是设计的视觉焦点和中心景观所在位置，一般布置大型的雕塑、水景，也可通过上升或下沉形成活动中心。

著名的例子如华裔建筑师贝聿铭先生在法国卢浮宫前广场设计的玻璃金字塔。1989年，在一片争议声中，玻璃金字塔屹立在"万馆之馆"——卢浮宫西面的拿破仑广场上。它既是卢浮宫扩建后的一个新出入口，又是卢浮宫新增的一件艺术瑰宝（见图5-10）。

20世纪80年代初，法国总统密特朗决定改建和扩建世界著名艺术宝库卢浮宫。为此，法国政府广泛征求设计方案。应征者都是法国及其他国家

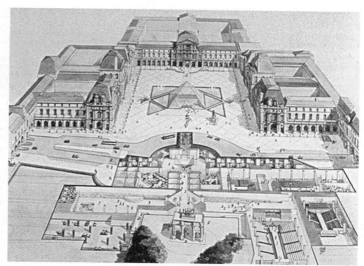

a）鸟瞰图

b）平视图

图5-10 卢浮宫玻璃金字塔

著名建筑师。最后由密特朗总统出面，邀请世界上十五个声誉卓著的博物馆馆长对应征的设计方案遴选抉择。结果，有十三位馆长选择了贝聿铭的设计方案。他设计用现代建筑材料在卢浮宫的拿破仑庭院内建造一座玻璃金字塔。不料此事一经公布，在法国引起了轩然大波。人们认为这样会破坏这座具有八百年历史的古建筑风格，"既毁了卢浮宫又毁了金字塔"。但是密特朗总统力排众议，还是采用了贝聿铭的设计方案。

当密特朗总理以国宾的礼遇将贝聿铭请到巴黎，为三百年前的古典主义经典作品卢浮宫设计新的扩建时，法国人对贝聿铭要在卢浮宫的院子里建造一个玻璃金字塔的设想，表现了空前的反对。在贝聿铭的回忆里，在他投入卢浮宫扩建的13年中，有2年的时间都花在了吵架上。当他于1984年1月23日把金字塔方案当作"钻石"提交到历史古迹最高委员会时，得到的回答是：这巨大的破玩意儿只是一颗假钻石。当时90%的巴黎人反对建造玻璃金字塔。

玻璃金字塔高21.6米，各边长35米，采用不锈钢钢架支撑，塔的四个侧面，由673块晶莹透亮的菱形玻璃拼组而成。它的东、南、北面各有一个小金字塔，对着三个不同的展览馆。周围有三个水池，池面如镜，倒映着蓝天白云和建筑，把建筑与景观融为一体。步入玻璃金字塔，人们可以通过玻璃的自然折光对卢浮宫全貌一览无余。

玻璃金字塔设计的成功有很多方面，如其对地下空间的利用，其对古老金字塔的现代解读，其

透明的材质和对周围古老建筑的映衬，但通过对其整体布局的研究不难发现，原来卢浮宫南、北、东三面是建筑，西侧是道路，在这样一个高度围合的广场空间内，缺少一个具有凝聚力和统领力的景物，而贝聿铭的玻璃金字塔就为这个广场增加了具有这个作用的灵魂。所以从1989年金字塔屹立在——卢浮宫西面的拿破仑广场上以来，便成为这里最璀璨和耀眼的一颗"钻石"，引人驻足和留恋。

5.3.2 广场空间的尺度和围合

根据城市的用地面积和人口规模，以及在城市中不同使用功能和主题要求，确定广场的面积和尺度。如北京、上海、天津、重庆、广州、深圳等特大城市，经济发达，城市用地面积大，人口众多稠密，广场的规模和尺度应该大，其次是各省会城，再次是省会外的地级市，最后是县级市和县城，甚至社区、乡镇和村庄，规模应逐级减小。

进入21世纪后，我国城市化进程很快，几乎所有城市（偏远地区除外）的建设面积都成倍增加，最常见的开发模式是建设新区。新区建设首先是规划城市的主轴线，市政府位于轴线的中心位置，其前方规划一个大型的市政广场，用来烘托市政府的地位和渲染城市的氛围，为了显示亲民和平等，广场称之为"市民广场"、"人民广场"，或直接称之市民活动中心，这些广场由于其位置的优越和便利，加之其往往在公园建设之前，顺理成章成为一个个新城区的文化娱乐休闲中心，同时也带动了其周边商业的发展。

在这里，需要说明的一点是，部分政府追求气派、奢华和政绩，导致超级广场越来越多，广场的规模和尺度远远超出其使用功能的需求。很多普通地级市的政府广场达到了直辖市政府广场的规模，甚至可以匹敌国家象征的天安门广场，岂不知，规模尺度如不能很好地服务于市民大众，结果会造成用地的浪费、资源的闲置，甚至影响到新区城市的发展平衡。

在一个城市中，一般政治广场、市政广场的面积最大，大都在5hm²以上，如作为国家象征的天安门广场的面积达到了44hm²。纪念广场、休闲广场规模次之，交通广场、商业广场及其他广场应根据其服务对象的规模而定，规模尺度比较灵活，可以是几百至数千平米。

在我国，实际情况是，广场的选址、规模、性质、周边配套建筑往往是由政府连同规划部门共同确定，园林设计者所做的工作是在政府给定的范围内，参考政府提出的要求进行广场的规划设计和详细设计。

广场中活动的人的情感、行为与空间的尺度有着直接的关联。研究表明，两个人之间的距离在1~2m便可产生亲切的感觉；相距12m，能够看清彼此的面部表情；相距25m，能认出对方；相距130m，仍能辨认对方身体的姿态；相距1200m，能够看见对方。空间距离小亲切感强，随着距离的增加而变得疏远。

1）在场地设计中 D/H=1，2，3为最广泛应用的数值（见图5-11）。

实验证明：

D/H=1：当处于45°仰角时，是观赏任何建筑细部的最佳位置，相当于视点距离建筑物等高的位置；

D/H=2：当处于27°仰角时，视点距建筑物有建筑物2倍的距离，这时，既能观察到建筑的细部，又能感觉到对象的整体性，进则观察细部，退则观察整体，乃观察建筑的最佳观察点。

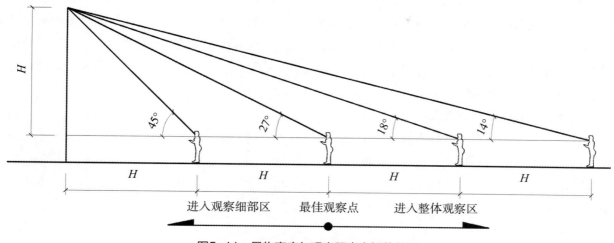

图5-11 景物高度与观察距离之间的关系

$D/H=3$：当处于仰角18°时，视距相当于建筑物高度的3倍，能感觉到以周围建筑为背景的十分清楚主体对象。

有研究表明，6m左右可看清花瓣，20~25m可看到人的面部表情，这一范围通常组织为近景，作为框景、导景，增加广场景深层次。中景约为70~100m，可看清人体活动，一般为主景，要求能看清建筑全貌。远景150~200m，可看清建筑群体与大轮廓，作为背景起衬托作用。

2）人能较好地观赏景物的最佳水平视野范围在60°以内，观赏建筑的最短距离应等于建筑物的宽度，即相应的最佳视区是54°左右，大于54°便进入细部审视区。

3）垂直界面对空间的划分与控制作用，与其高度及相对距离有很大的关系，因而在处理外部空间时，还要考虑建筑的高度（H），与围合空间的间距（D）之间的比例关系。以人站在建筑围合空间的正中央为例。

D/H在1与2之间时空间最为紧凑。在苏州园林中经常见到此类型空间。

$D/H=2$时，中心垂直视角45°，可观察到界面全貌，视线仍集中于界面西部，具有较好的封闭感。

$D/H=4$时，中心垂直视角为27°，是观察完整界面的最佳位置，为空间封闭感的上限。故欲在广场和庭院营造围合感，其空间D/H不宜大于4。此点时界定围合与开敞的分界点。

D/H大于4时，两界面间相互间的影响已经薄弱了，没有围合之感。

5.3.3 广场的空间序列组织

（1）广场空间的类型

按照空间的开放程度及其对人的心理影响，城市空间可分为公共空间、半公共空间、私密空间、半私密空间组成，几者之间的过渡关系如图5-12所示（图中实箭头表示无限制通过，虚箭头表示有限制通过）。

按照空间类型构成元素及其视觉特点，主要有容积空间和体积空间，以及二者组合联系的混合空间三种类型（见图5-12）。

在以空间的开放程度划分出的公共空间、半公共空间、私密空间、半私密空间之间，保持良好的过渡关系是广场设计合理的重要方面，自然流畅的过渡能够使广场环境形象整体化。环境的整体性能够更好地增强广场空间的可识别性，有助于广场主题的表现和接受，也是形成一个完整环境系统的前提和必要条件。广场环境中的各要素，如建筑、路径、区域之间既需要紧密联系，保持视觉感受的统一，又不乏个性的突出。

（2）广场空间的构成元素

广场空间属于典型的室外空间和社交空间，与室内空间相比，其少了顶部的围合，抬头即可仰望天空，所以空间的开敞性、公共性更强。

广场空间的构成元素由构成广场本身的景观元素和广场周边建筑共同组成，可以抽象为空间界面、空间轮廓、空间线型、空间层次等（见图5-13）。

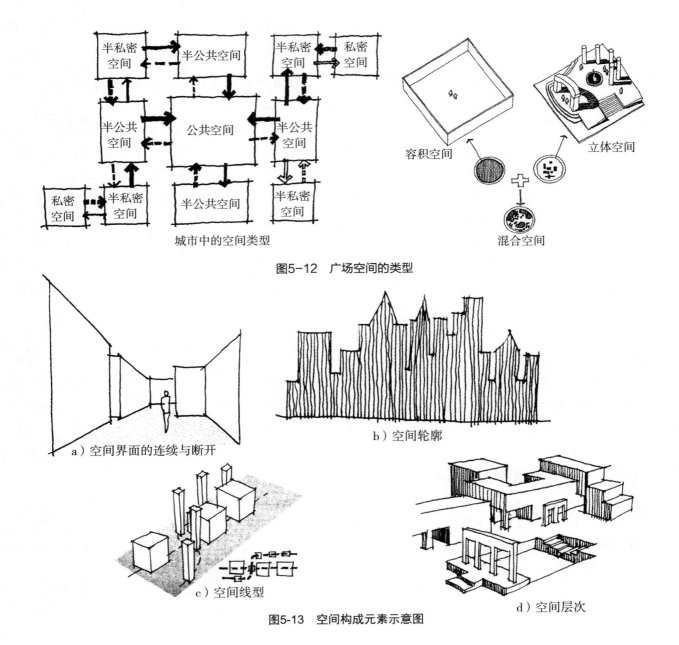

城市中的空间类型

图5-12　广场空间的类型

a）空间界面的连续与断开

b）空间轮廓

c）空间线型

d）空间层次

图5-13　空间构成元素示意图

对于初学设计者来说，其往往重视广场中的铺装、水面、绿化、建筑小品、设施等实体景物的构思和设计，而对不宜直接感受的空间形态、空间联系注重不够，就易出现利用拼凑景物来堆砌空间的设计作业，这当然是不成功的设计。在广场的形态构成方面，虽然实体景物能够带来物质上的需求，但设计的优劣却是由实体构成的空间界面、空间轮廓、空间线型、空间层次等因素决定的。因此，应本着注重和强调空间形态胜过强调实体的设计理念进行设计。

（3）空间的围合程度与私密性

在广场环境下，私密性活动是相对与公共性活动而言的。人们在广场上进行着各式公共性或私密性的活动，并自觉的形成区域划分。如：嬉戏的青少年通常在空地比较大的地方玩耍，以便奔跑打闹有足够的空间，这部分区域我们可以称为最公共空间。而还有一类区域，即情侣们较偏爱的被下垂的树枝挡得若隐若现的休息座椅，此空间为需要独处的人们提供了相对自然又有一定私密性的良好空间，我们可以称其为最私密空间。除上述两种对比强烈的空间环境之外，还有半私密空间和半公共空间两个中间级别，这类空间多为休闲散步、打牌、练功等比较喜静的活动人群的聚集区。

其实这些区域并没有完全的界线，但由于人们长期的行为习惯，便自发形成了公开性不同的空间划分心理。虽然各区域间没有实体物件的隔断，但却可以做到相互间不受其他区域气场的打扰，公共性与私密性层次分明。

当然，仅仅设置私密空间和公共空间是远远不够的，广场设计应遵循人的行为心理，即相对情感。公共场所的私密空间与室内的完全私密空间是不一样的，当人们来到户外，所需要的独处空间是对周围空间保持联系、保持视听效果、保持感知度的。因此，公共与私密要做到良好过渡，才能让使用者各得所需。

空间的封闭性越强，其私密性越高。没有经过封闭和围合的场地产生不了空间感，更谈不上私密性（见图5-14）。在广场中，限定空间的因素主要由地面、台阶、地形、墙体、植物、建筑小品、雕塑等。其中最强烈的空间感主要是围合，围合什么？怎么围合？众所周知，人类生活的空间可以抽象为一个六面体的盒子，脚下的地面是封闭的，我们需要设计它高度的变化和地面色彩和材质，是设计的重点，头顶是我们赖以生存的天空，在广场空间中是不能封闭的（封闭只出现在广场上的

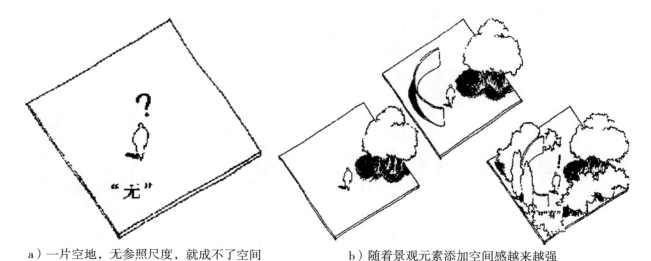

a）一片空地，无参照尺度，就成不了空间　　　　b）随着景观元素添加空间感越来越强

图5-14　空间感与私密性

建筑中），四周是人类视觉感知的重点，也是广场空间设计的重点。

空间的围合质量与封闭性有关，主要反映在垂直要素的高度、密实度和连续性等方面。高度分为相对高度和绝对高度 相对高度是指墙的实际高度和视距的比值，通常用视角或高宽比D/H表示绝对高度是指墙的实际高度，当墙低于人的视线空间较开阔，高于视线时空间较封闭。空间的封闭程度由这两种综合决定（见图5-15）。

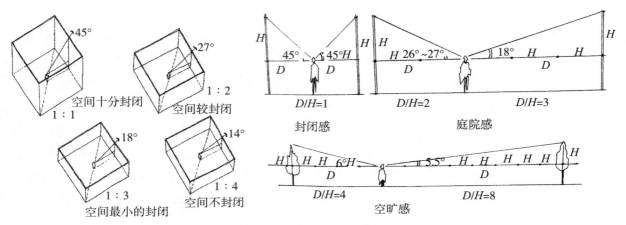

图5-15 视角或高宽比与空间封闭性的关系

（4）广场空间构成形式

广场空间感的构成有多种手法和形式，如通过地面铺装材料或图案的变化，硬质、绿地、水面的变换，或是通过墙体、柱子、植物等的围合，甚至是广场中心雕塑、水景、纪念碑、钟楼等所产生的向心的凝聚力，这些均可形成或强或弱的空间感，也使得广场空间更为多样和丰富，视觉和心理美感更为强烈（见图5-16）。

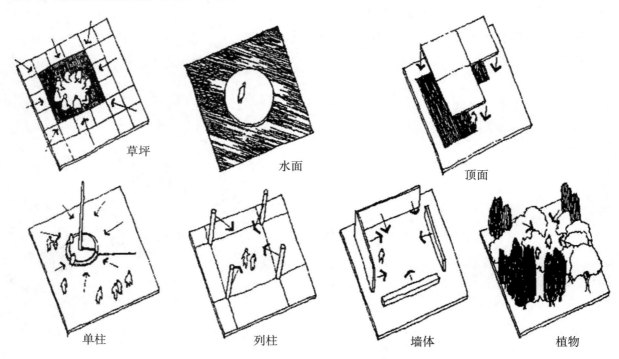

图5-16 广场空间构成形式

5.4 城市广场种植设计

植物是城市广场构成要素中唯一具有生命力的元素。在其生命活动中通过物质循环和能量交流改善城市生态环境，具有净化空气、水土保持、调节气温、减噪滞尘等生态功能；它还具有空间构造、美学等功能，是建造有生命力的城市广场空间必不可少的要素。

5.4.1 广场植物种植设计的特点和原则

随着环境建设的备受重视，各地绿化建设步伐的加快，很多好绿化的建设已能将人与大自然很好地协调，将历史文化内涵再现出来，对广场设计的植物配置把握得恰到好处，绿化树种又因有神奇的千姿百态和绚丽的流光溢彩，在营造自然氛围、美饰环境空间方面演绎绿色的乐章。但是一些地方的绿化建设效果并不理想，有的植物配置不合理的现象；有的园林设计在实施过程中被改得面目全非；有的建设成本和维护、管理费用高，与单位承受能力不相适应。

广场作为市民文化休闲娱乐的场所，绿化多结合自然式，局部突出规则式造型。广场应用乔灌花，合理地进行植物配置、造景。

广场绿化应配合广场的主要功能，使广场更好地发挥其作用。广场绿地布置和植物配置要考虑广场规模、空间尺度，使绿化更好地装饰、衬托广场，改善环境，利于游人活动与游憩。

（1）对比和衬托

利用植物不同的形态特征，运用高低、姿态、叶形叶色、花形花色的对比手法，表现一定的艺术构思，衬托出美的植物景观。配合广场建筑其他要素整体地表达出一定的构思和意境。

在树丛组合时，要注意相互间的协调，不宜将形态姿色差异很大的树种组合在一起。运用水平与垂直对比法、体形大小对比法和色彩与明暗对比法三种方法。

（2）动势和均衡

各种植物姿态不同，有的比较规整，如雪松、水杉、桧柏等；有的有一种动势，如很多松树类。配置时，要讲求植物相互之间或植物与环境中其他要素之间的和谐协调；同时还要考虑植物在不同的生长阶段和季节的变化，不要因此产生不平衡的状况。

（3）起伏和韵律

韵律有两种：一种是"严格韵律"；另一种是"自由韵律"。道路两旁和狭长形地带的植物配置最容易体现出韵律感，要注意纵向的立体轮廓线和空间变换，做到高低搭配，有起有伏，产生节奏韵律，避免布局呆板。

（4）层次和背景

为克服景观的单调，宜以乔木、灌木、花卉、地被植物进行多层的配置。不同花色花期的植物相间分层配置，可以使植物景观丰富多彩。背景树一般宜高于前景树，栽植密度宜大，最好形成绿色屏障，色调加深，或与前景有较大的色调和色度上的差异，以加强衬托。

广场植物的配置包括以下两个方面：一方面是各种植物相互之间的配置，考虑植物种类的选择，树木的组合，平面和立面的构图、色彩、季相以及园林意境；另一方面是广场植物与其他广场要素如山石、水体、建筑、园路等相互之间的配置。

5.4.2 广场植物种植的形式

广场绿地种植设计有以下三种基本形式。

（1）行列式种植

这种形式属于整形式，主要用于广场周围或者长条形地带，用于隔离或遮挡，或作背景。

单排的绿化栽植，可在乔木间加植灌木，灌木丛间再加种花卉，但株间要有适当的距离，以保证有充足的阳光和营养面积。在株间排列上可以先密一些，几年以后再间移，这样既能使近期绿化效果好，又能培育一部分大规格苗木。乔木下面的灌木和花卉要选择耐阴品种，并排种植的各种乔灌木在色彩和体型上注意协调。

（2）集团式种植

主要是林带、林植、片植等，基本上是整形栽植，也可为避免成排种植的单调感，把几种树组成一个树丛，有规律地排列在一定地段上。这种形式有丰富、浑厚的效果，排列整齐时远看很壮观，近看又很细腻。

可用花卉和灌木组成树丛，也可用不同的灌木或(和）乔木组成树丛。

（3）自然式种植

主要是散植和丛植，这种形式与整形式不同，是在一个地段内，花木种植不受统一的株行距限制，而是疏落有序地布置，从不同的角度望去有不同的景致，生动而活泼。

这种布置不受地块大小和形状限制，可以巧妙地解决与地下管线的矛盾。

自然式树丛的布置要密切结合环境，才能使每一种植物苗壮生长，同时，在管理工作上的要求较高。

5.4.3 广场的树种选择

城市广场树种选择做到"适地适树""因地制宜"，尽可能多地选择乡土树种。

由于铺装面积大，处于广场遮荫的需要，在铺装的边缘应种植高大的乔木，树种的冠幅大，枝叶稠密，耐贫瘠，抗性强，深根性，寿命长。

确定1~2种作为广场的骨干树种，1~2种基调树种，其他植物根据季相变化和观赏特性进行配置。

5.5 城市广场景观元素

除了上面讲过的广场绿地之外，广场铺装、纪念碑、雕塑、水景、长廊是构成广场景观的重要景观元素，也表达着广场设计的主题和灵魂。

5.5.1 广场铺装

广场大都以硬质铺装为主，铺装设计是广场详细设计的重点，许多广场以其精美的铺装图案而著名。铺装设计应简洁大方、新颖、安全，整体的统一性强，与周围环境和功能性质相匹配，铺装图案具有一定的导向性。目前普遍采用的材料主要是各类花岗岩和透水砖，选择时注意其色彩、表面质感、规格，面层防滑，还要考虑铺装施工过程中的节约和方便。

多种材料的搭配更能突出各自的质感，也能简便地划分地面空间，区分广场的功能区域，还可引导前进的方向（见图5-17~图5-20）。

a）

b）

图5-17 多种花岗岩铺装的广场

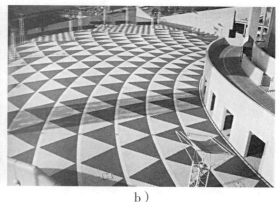

a）

b）

图5-18 颜色对比强烈的2种广场砖铺装的极具构成感图案

a）韵律感强烈铺装

b）北京西单广场2种近似色
的广场砖铺装

c）圣马可广场石材拼贴图案

图5-19 韵律感强烈的铺装

图5-20 2种花岗岩的方形拼贴

花岗岩是自然界硬度最大的石材，我国多省有出产，存量大、颜色丰富、取材方便，规格和形状可任意切割、坚固耐用。基于上述优点，花岗岩成为广场和其他室外铺装的首选材料。

5.5.2　纪念碑

纪念碑是为纪念某重要历史人物或大事件而设立的构筑物，比如纪念国家的开国元勋或英雄烈士的人物纪念碑，纪念抗战胜利的事件纪念碑。纪念碑多是高宽比在（8~10）：1的挺拔高耸的立体结构，由底座、碑体、碑顶、雕刻、碑文等组成，材料多采用花岗岩。

西方纪念碑多采用方尖碑式样，顶部为一个尖的四棱锥；我国纪念碑的碑顶大都为中国传统建筑屋顶式样。方尖碑是古埃及人继金字塔后的第二个建筑杰作，出于对太阳的崇拜，所以其修长挺拔的碑体直刺苍天，线条挺拔简洁、碑体伟岸，有着强烈向上的动势，后来被西方国家普遍模仿和建造。

随着现代设计的多元化发展，纪念碑的式样也呈现出多元化，但其窄高挺拔的形体基本上还是沿袭了高宽比在（8~10）：1之间的比例关系（见图5-21）。

a）天安门广场人民英雄纪念碑　　b）周恩来纪念碑　　c）古埃及方尖碑　　d）美国华盛顿纪念碑

e）圣马可广场钟塔　　f）九江市1998年抗洪纪念碑　　g）唐山市抗震纪念碑　　h）南昌八一革命纪念碑

图5-21　纪念碑

5.5.3 雕塑

雕塑是一种立体的艺术品，具有优美的空间造型，是可视、可触的艺术形象，借以反映社会生活、表达时代的审美感受、审美感情、审美理想。在城市广场中用于美化和升华广场的内涵，同时具有纪念、隐喻、启发、宣传等作用。

广场雕塑按其位置、体量、作用可分为主题雕塑和装饰雕塑。主题雕塑一般位于广场的中心或主轴线的两端，体量较大，色彩明亮（见图5-22）；装饰雕塑多位于中心和轴线外的其他位置，体量小，色彩变化多，起点缀和美化周围环境的作用（见图5-23）。

按主题可分为人物雕塑、故事雕塑、动物雕塑、抽象雕塑等。

按材料可分为石质雕塑、金属雕塑、混凝土雕塑、其他材料雕塑等。

a）大连中山广场的孙中山塑像

b）青岛五四青年广场雕塑"五月的风"

c）芜湖鸠兹广场雕塑"神鸟"

d）济南泉城广场雕塑"泉"

图5-22　主题雕塑

a）广州雕塑公园内小广场雕塑"呵护"　　　　b）咸阳市人民广场雕塑"腾飞"

c）杭州市武林广场雕塑"八少女"　　　　d）深圳市宝安区一广场雕塑

图5-23　装饰雕塑

5.5.4　水景

铺装地面、绿化地面、景观水面是组成广场底面的三类元素。铺装地面是人们通过、活动、健身的场地；绿化地面生长植物，是生命、生态的象征，改善着广场的小气候环境；景观水面为广场增添了一份灵性或活力，使广场锦上添花，同时也增加了周围环境的空气湿度。

广场水景多为规则式的水池，或圆或方，或是方方、圆圆、方圆之间组合。

水景或静或动。静态的水池表现了宁静、平静和祥和，波澜不惊，仿佛寂静了世界。动态水景主要是在水池中安装喷泉和灯光，让水在喷涌、跳动、旋转、激射中给广场带来欢快和热闹的气氛，也有的结合廊、墙、雕塑做成叠水、瀑布、水幕的效果（见图5-24）。

5.5.5　长廊

长廊是广场的大型建筑，多位于广场的尽端，名曰"文化长廊"。长廊建筑多为1~3层，柱子粗大，顶部檐口做装饰，外贴花岗岩，柱子内面雕刻有反映当地历史文化和风土民情的浮雕（见图5-25）。

图5-24 动态水景——喷泉、瀑布、叠水

a）济南泉城广场文化长廊

b）芜湖鸠兹广场文化长廊

图5-25 文化长廊

例如济南泉城广场文化长廊在荷花音乐喷泉东侧，以喷泉为圆心呈半圆弧状，长150m，分三层。长廊内设有大舜、管仲、孔丘、孙武、墨翟、孟轲、诸葛亮、王羲之、贾思勰、李清照、戚继光、蒲松龄等12位山东名人的塑像及由14幅浮雕组成的《圣贤史迹图》。登上文化长廊顶层，可将泉城广场全貌尽收眼底。

芜湖鸠兹广场文化长廊位于广场北侧，它由24根石柱支撑，每根石柱底部的四壁都雕刻着精美的图案。这些石刻荟萃鸠兹人文，对芜湖悠久的历史和灿烂的文化集中承载——有欧亚人类起源的"人字洞"；有西周时代南陵工山古铜冶情景；有干将莫邪；有大禹导中江……透过这些，让人们再次真切地感受到这座生机勃勃的城市人杰地灵。

项目案例分析

——典型案例

1. 河南省辉县市文昌阁广场景观设计

本设计由河南尚兰园林景观设计有限公司（前身为河南水木石园林景观设计有限公司）提供。

文昌阁广场为河南省辉县市重点建设工程，广场占地$18196m^2$，东西宽109.95m，南北长161.63m。

该广场设计目标为满足当地市民聚集交流、休闲娱乐、健身强体等活动，展示辉县地方历史文化，以及举办大型集会活动的综合性城市广场（见图5-26、图5-27）。

设计理念为：注重广场设计的开放性、公共性、实用性，功能分区简洁、概括，体现以人为本，充满现代气息和时代感，成为地方一个活跃的、积极的、时尚的活动场所。

由图5-28看出，南北一条中心轴线，经由入口大型景观石、入口景观区、公共活动区后到达广场的制高点文昌阁，也是整个广场的视觉焦点和中心景观。沿轴线的东西两侧对称布置了几块集中绿地，种植高大乔木，使得广场的围合感更加强烈，视线范围也被绿色充盈，形成良好的广场空间结构。

图5-26　文昌阁广场鸟瞰图

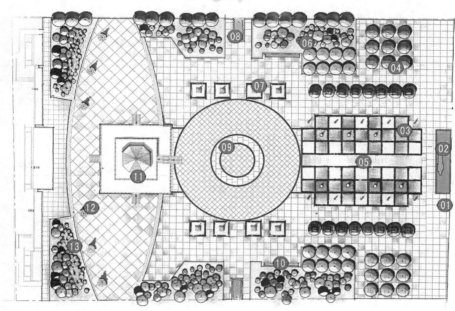

01	广场主入口
02	入口景石
03	古韵石雕
04	广场树阵
05	古韵石雕广场
06	组团绿化
07	图腾造型灯柱
08	模纹花坛
09	激情舞台广场
10	休闲座椅
11	文昌阁
12	广场灯
13	组团绿化

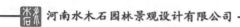

图5-27　文昌阁广场平面图

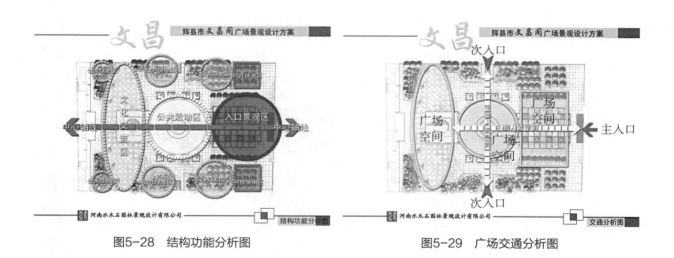

图5-28　结构功能分析图　　　　　　图5-29　广场交通分析图

由图5-29看出，广场东西南三个方向各有一个入口，其中南入口为主入口，正对主建筑文昌阁，东西为次入口，三个入口视线交汇于中心公共活动广场。

广场局部效果图见图5-30。

图5-30　广场局部效果图

2．河南原阳县人民广场景观设计

本项目位于河南省原阳县新区内北为黄河大道，对面为县政府办公大楼，南为民主路，对面为待建的文化活动中心。东侧为人和路，西侧为政通路，这两条路对面设计为办公区。设计总占地375亩，其中广场区138.8亩，办公区125.9亩，其余为道路用地（见图5-31）。

自秦至元，原阳共产生12位官抵宰相的历史人物，有"宰相之乡"的美誉。原阳地邻黄河，地势较低，滩地居多，成为中原地带一处生产大米之地，且其米质优良，誉满华夏，又有"中国第一米之乡"的美誉。本广场设计紧扣文化与地域这两个主题展开，充分挖掘了原阳地方历史文化。

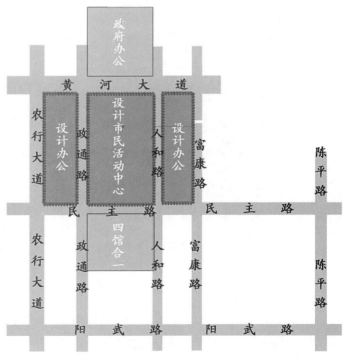

图5-31　设计范围示意图

　　本设计从中国戏曲脸谱与"米"字的变形来设计整个广场的道路脉络。从原阳的宰相文化、大米文化、民俗民风中挖掘设计元素（见图5-32~图5-38）。

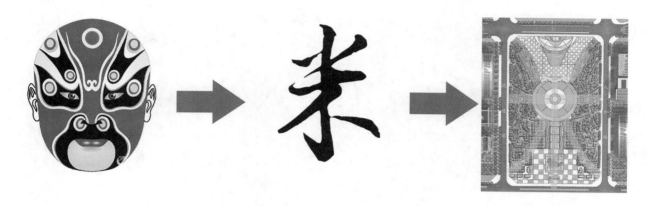

图5-32　设计创意演变图

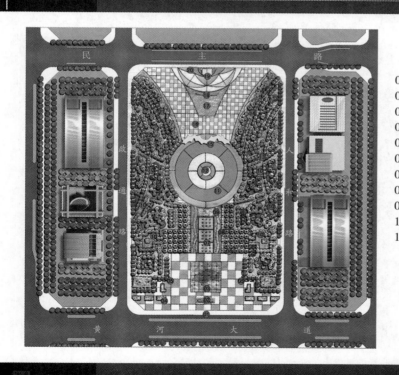

01	主入口	12	广场雕塑
02	入口标志石	13	林荫步道
03	特色旱喷	14	分层绿化
04	景观花池	15	黄河云膜亭
05	文化景墙	16	休闲广场
06	树阵广场	17	草坪
07	喷泉跌水	18	LED卷轴电子屏
08	灯柱	19	书本雕塑
09	模纹	20	次入口
10	小林荫广场	21	疏林草地
11	中心广场	22	休闲座椅

图5-33　广场平面图

图5-34 广场鸟瞰图

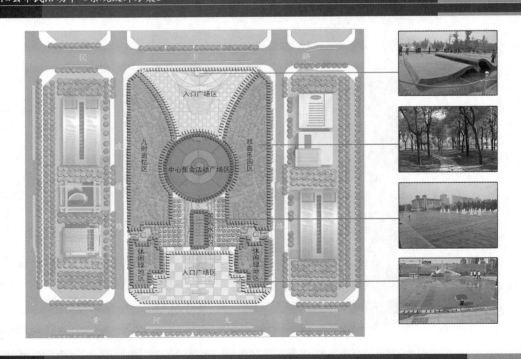

图5-35 功能分区图

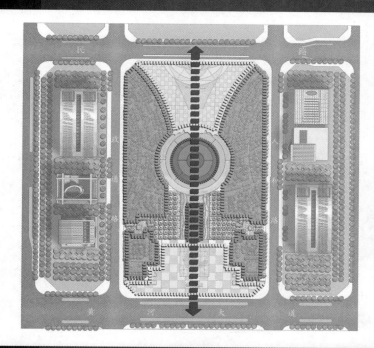

原阳县市民活动中心景观设计方案1　YUANYANGXIANSHIMINHUODONGZHONGXINJINGGUANSHEJIFANGAN

"一轴三广场两个休闲区"的结构特点。沿南北景观主轴线主要布置：入口广场、中心集会活动广场、"儿时追忆"与"戏曲乐园"两大休闲绿地。

- 入口广场区
- 儿时追忆区、戏曲乐园区
- 休闲绿地区
- 中心集会活动广场区
- 景观水系区
- 轴线

河南水木石园林景观设计有限公司　　　　　结构分析

图5-36　结构分析图

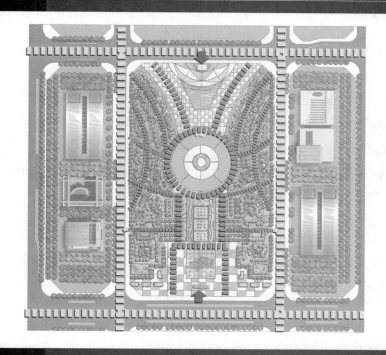

原阳县市民活动中心景观设计方案1　YUANYANGXIANSHIMINHUODONGZHONGXINJINGGUANSHEJIFANGAN

- 市政道路
- 景观主干道
- 景观次干道
- 主要出入口
- 次入口

河南水木石园林景观设计有限公司　　　　　道路分析

图5-37　交通分析图

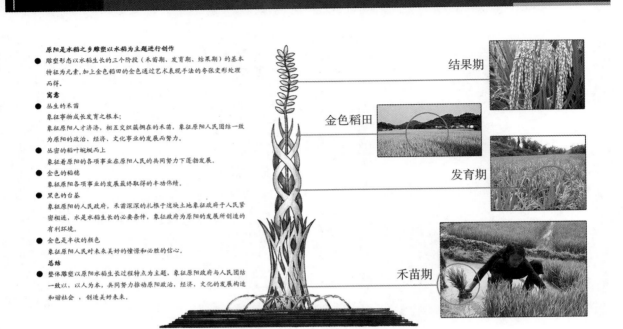

原阳是水稻之乡雕塑以水稻为主题进行创作
- 雕塑形态以水稻生长的三个阶段（禾苗期、发育期、结果期）的基本特征为元素，加上金色稻田的金色通过艺术表现手法的夸张变形处理而得。

寓意
- 丛生的禾苗
  象征事物成长发育之根本；
  象征原阳人才济济，相互交织蕴拥在的禾苗，象征原阳人民团结一致为原阳的政治、经济、文化事业的发展而努力。
- 丛密的稻叶蜿蜒而上
  象征着原阳的各项事业在原阳人民的共同努力下蓬勃发展。
- 金色的稻穗
  象征原阳各项事业的发展最终取得的丰功伟绩。
- 黑色的台基
  象征原阳的人民政府，禾苗深深的扎根于这块土地象征政府与人民紧密相连，水是水稻生长的必要条件，象征政府为原阳的发展所创造的有利环境。
- 金色是丰收的颜色
  象征原阳人民对未来美好的憧憬和必胜的信心。

总结
- 整体雕塑以原阳水稻生长过程特点为主题，象征原阳政府与人民团结一致以，以人为本，共同努力推动原阳政治，经济，文化的发展构造和谐社会，创造美好未来。

结果期

金色稻田

发育期

禾苗期

河南水木石园林景观设计有限公司　　　　　　　　　　　　　　　　　雕塑设计说明

图5-38　雕塑创意图及说明

——学生作品

　　学生作品里面，我们摘录了河南职业技术学院和天津大学建筑学院学生广场设计作业，一个是普通的高职院校学生作业，一个是国内一流本科建筑院校学生作业，我们希望通过这两个不同层次学生的作业来更清楚地说明设计应注意的问题。

　　河南职业技术学院学生的广场作业是以位于郑州市农业路上的文博广场为设计蓝本，通过一天的现场实地考察和测绘后，每个学生在一周内独立完成了广场的方案设计。

　　天津大学学生的广场作业是以天津市海河楼广场为设计蓝本，通过一天的现场实地考察和测绘后，每个学生在四周内独立完成了广场的方案设计。

　　下面是河南职业技术学院学生作业。

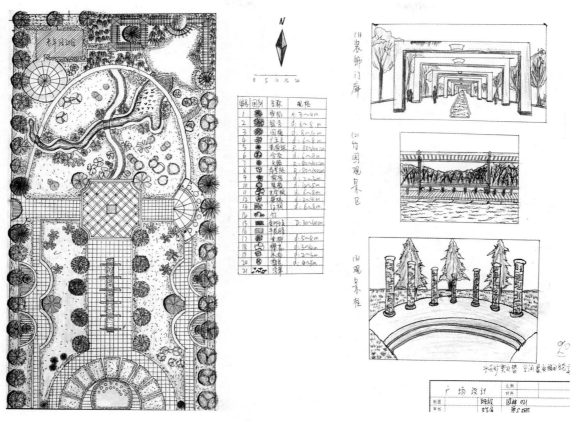

园林　021班　贾卫娜

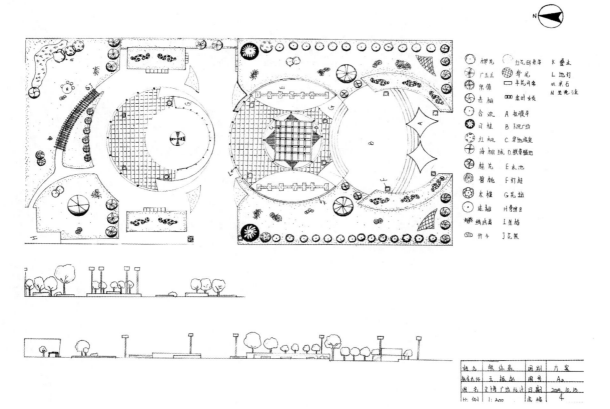

园林　033班　熊伟燕

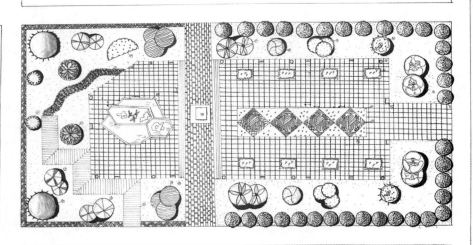

姓 名	邢彩慧	图 名	广场设计
班 级	园林033	图 别	方案
指导老师	王振超	图 号	A2 4
日 期	2005.10.13	比 例	1:500

园林　033班　邢彩惠——总平面

姓 名	邢彩慧	图 名	广场设计
班 级	园林033	图 别	方案
指导老师	王振超	图 号	A2 4
日 期	2005.10.13	比 例	1:500

园林　033班　邢彩惠——小景及说明

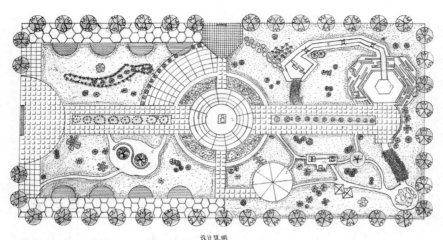

图例	名称
	元宝枫
	花石榴
	金叶女贞
	碧桃
	海棠
	龙爪槐
	红枫
	樱花
	花坛
1	中心雕塑广场
2	入口
4	草本花卉
5	休闲广场
6	亭子
7	假山
8	水渠
9	喷泉
10	
11	喷泉组
12	花架廊坐椅
13	景墙
14	海桐球

N

设计说明

该广场位于郑州市老城区，南临农业路，占地两万平方米。其景观设计通过优美舒展的曲线营造出都市闲情的氛围，并通过丰富植物的应用创造出一种低层次的绿色景观。广场、小溪、草坪等景观巧妙融入建筑，充分体现了建筑和谐相融的设计思想。

该广场的设计遵循以下设计原则：（1）生态原则：利用室外环境营造出高品质的生态环境，为游人创造一个健康、向上、耳目一新的生态环境。（2）美学原则：广场环境设计多种手法并用，硬质和软质景相互交融，多种植物配植使整体环境富于韵律变化，从独特的美学视角，创造优美的景观环境。（3）功能原则：具一景点的设计都极大地考虑了人的使用性，做到了使用性和美感性相结合。

主体雕塑广场位于广场中轴线上，在整体环境中占主景地位。雕塑广场内喷泉由一组比较抽象的雕塑组成，它来源于生活又高于生活，给人以更美的视觉韵味。和其它小品一样起着美化环境，提高环境的艺术品味。在主体雕塑广场四周由四个种植草本花卉的花坛图案，以丰富的花卉种类使人眼睛为之一亮，并烘托起主体雕塑广场的重要位置。主体雕塑广场的西南方是一个不规则的广场，其上以种类新颖的花坛装饰其中，此广场的设计目的在于分散主体雕塑广场的人流量，同时使西门和主景之间铺装地连接起来。在主体雕塑广场西北方向为行小广场、喷水池。

广场的整体环境清幽通透：小而别致的喷泉、规则的铺装纹样及模纹花坛，一般寓意大方，清新愉悦的自然之风迎面而来！

园林　033班　韩青云——总平面及说明

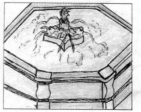

园林　033班　韩青云——小景图

下面是天津大学建筑学院学生作业。

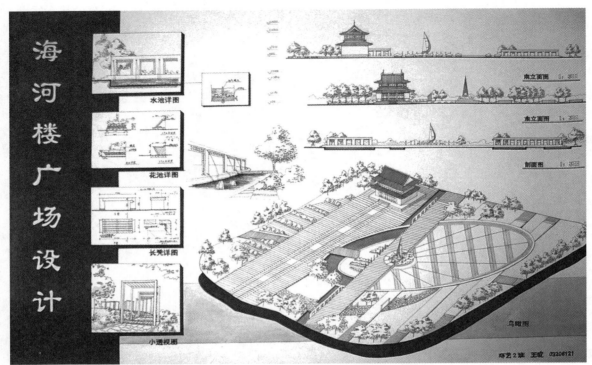

环艺 062班 王宣——鸟瞰图、立面图、小景图

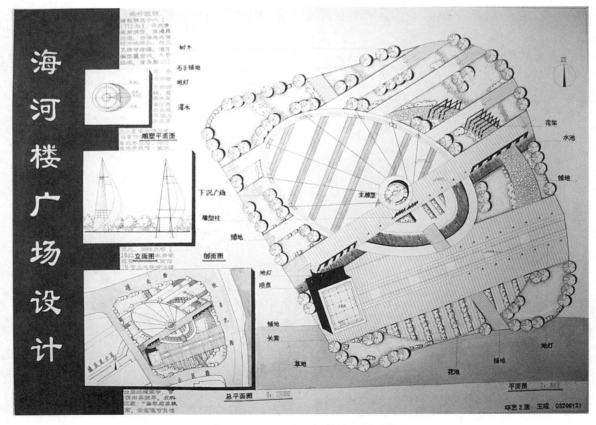

环艺 062班 王宣——总平面图及说明

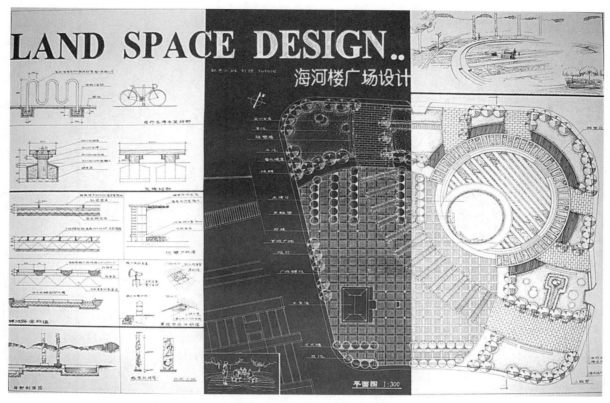

环艺 062班 刘琼——总平面图及小品详图

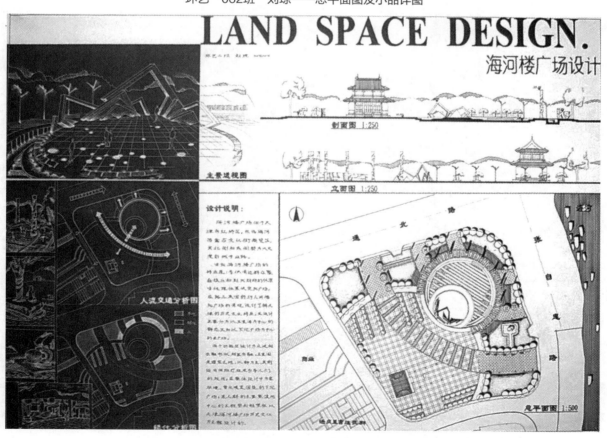

环艺 062班 刘琼——总平面图、立面图、分析图

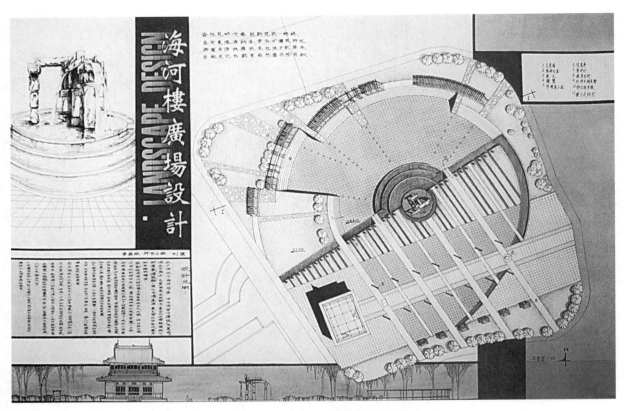

环艺　062班　刘燮——总平面图及说明

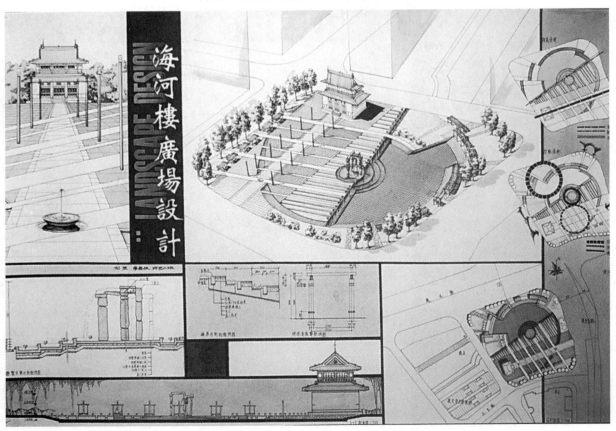

环艺　062班　刘燮——总平面图、立面图、分析图、小景图

项目训练

——项目任务 郑州市文博休闲文化广场设计

该广场位于郑州市农业路和文博交叉口西北角,面积4万㎡,属于一个区级的休闲文化广场(平面图见下),要求设计有水景、雕塑、文化长廊、花坛、座椅,有一处集中的活动场地,北、东两侧乔木与住宅区隔挡,建筑小品、雕塑、铺装等硬质景观能够与郑州历史文化相联系。

——项目设计过程

设计实例和工程实例解读—设计项目综合分析—设计定位—设计形式确定—草图—修改—方案定稿—成套方案设计。

——项目设计要求

手绘或电脑作图;设计成果有设计说明、平面图、功能分析图、交通分析图、景观分析图、局部小景图、立面图、主要景观小品详图、植物种植详图。

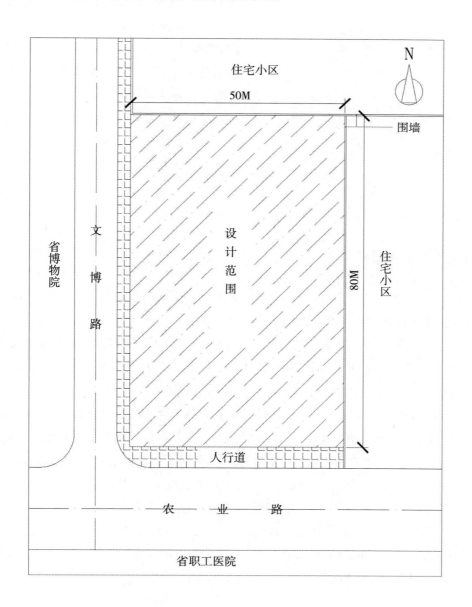

项目 6 居住区景观设计

项目内容 本章主要阐述了居住区景观规划设计的方法技巧、程序、依据等，涵盖了居住区景观设计过程中的各个环节，包括方案设计、扩展初步设计及施工图设计等方面的内容。

项目知识点

1. 居住区景观方案设计原则要求；
2. 居住区绿地的功能、分类；
3. 居住区绿地景观设计的程序、方法、风格流派；
4. 居住区景观扩初设计；
5. 居住区景观施工图设计。

6.1 居住区景观概述

随着我国城市化进程的加快，物质生活水平的不断提高，人们越来越重视居住区绿化规划设计的作用，特别是一些新城区建设注重给居民提供一个功能齐全、生活便利、配套完善的居住环境。与此同时，清新、自然、和谐、安逸、优美的小区空间也是现代城市居住区规划设计工作的重要内容。然而，近年来城市化进程的加快以及工业的迅速发展给城市的生态环境带来了极大的危害，噪声污染、空气污染、水质污染、固体废弃物污染等对居民生活质量的提高以及居民的健康产生了不良的影响。城市居住区绿化规划设计工作对促进居民身心健康愉悦和城市生态环境改善具有不可估量的作用。因此，从理论角度和设计角度加强对城市居住环境的绿化设计是新时期城市小区规划的重要课题，也是提高城市人民生活质量和建设现代化城市的重要标志。城市居住区绿化的意义是居住区的人群和建筑物分布都很密集，由于交通方便，人员流动相比之下也比较频繁。居住区的绿化植物可以吸附灰尘、净化空气、降低噪声、调节湿度。因此，在降低小范围污染方面发挥着重要作用。

居住区绿地规划设计是居住区规划设计的重要组成部分，它是指结合居住区范围内的功能布局、建筑环境和用地条件，在居住区绿地中进行以绿化为主的环境设计过程。居住区绿化是改善生态环境质量和服务居民日常生活的基础。

下面首先说明居住区绿地的基本概念和主要功能，进而分析了居住区绿地的种类组成及各类绿地的布局和功能特点，随后，从居住区绿地规划设计的原则方法和基础工作入手，较深入地论述各类居住区绿地规划设计的一般方法。

6.1.1 居住区绿地的概念

居住区绿地是居住区环境的主要组成部分，一般指在居住小区或居住区范围内，住宅建筑、公建设施和道路用地以外布置绿化、园林建筑和园林小品，为居民提供游憩活动场地的用地。居住区绿地是接近居民生活并直接为居民服务的绿地，其中的公共绿地是居民进行日常户外活动的良好场所；居住区绿地形成住宅建筑间必需的通风采光和景观视觉空间，它以绿化为主，能有效地改善居住区的生态环境；通过绿化与建筑物的配合，使居住区的室外开放空间富于变化，形成居民区赏心悦目、富有特色的景观环境。居住区绿地包括居住区或居住小区用地范围内的公共绿地、住宅旁绿地、公共服务设施所属绿地和居住区道路绿地等。

居住区绿地是城市园林绿地系统中的重要组成部分。一般城市居住生活用地占城市总用地的50%左右，其中居住区绿地占居住区生活用地的25%~30%。居住区广泛分布在城市建成区中，因此，居住区绿地构成了城市绿地系统点、线、面网络中面上绿化的主要组成部分。

6.1.2 居住区绿地的功能和分类

居住区绿地（见图6-1）的生态功能、景观效果和服务功能对居住区环境起十分重要的作用，它主要有以下几个方面的具体作用：

图6-1 居住区绿地

（1）居住区绿地以植物为主体，在净化空气、减少尘埃、吸收噪声等方面起着重要作用。绿地能有效地改善居住区建筑环境的小气候，包括遮阳降温、防止日晒、调节气温、降低风速，在炎夏静风状态下，绿化能促进由辐射温差产生的微风环流的形成等。

（2）居住区绿地是形成居住区建筑通风、日照、采光、防护隔离、视觉景观空间等的环境基础，富于生机的园林植物作为居住区绿地的主要构成材料，绿化、美化居住区的环境，使居住建筑群更显生动活泼、和谐统一。绿化还可以遮盖不雅观的环境物。

（3）居住区绿地优美的绿化环境和方便舒适的休息游戏设施、交往场所，吸引居民在就近的绿地中休憩观赏和进行社交，满足居民在日常生活中对户外活动的要求，有利于人们的身心健康和邻里交往。

（4）居住区公共绿地在地震、火灾等非常时期，有疏散人流和隐蔽避难的作用。

居住区绿地对城市和居住区的生态环境、景观风貌，对居住区的社区文化，对居民的生理、心理都有重要作用。人们日益重视居住区环境质量的提高和以绿化为主的环境建设，认识到优美的园林绿化是居住区最基本的环境要素。但由于种种原因，在某些居住区的绿化设计和建设施工中曾经或依然存在一些问题，有待进一步探讨和改进。如在建成区地价昂贵地段为增加开发强度取得经济效益而产生的高档高价的高层和小高层居住小区，与传统的多层、低层居住区相比较，在居住区空间格局、绿地布局形式等许多方面均有较大的差异。高层、小高层住宅楼群间，虽然增加了公共绿地面积，却往往使居住区的人均绿地面积大大降低，增加了公共绿地的环境负担，并使居民使用不便，从而居民对绿地和住宅庭院群的归属感降低。目前，小汽车进入家庭的势头正旺，已出现了居住区内停车与绿地的矛盾，采用嵌草地砖的方式来弥补被侵占的绿地，事实上是非常不合理的方式。

在居住区绿化景观和环境艺术设计中，过分强调绿化和环境艺术的视觉美化作用，喜欢"大手笔""大尺度"布景，无视绿地的环境生态功能和服务居民功能，无视绿化景观与建筑有机结合互为映衬的关系。常出现以环境艺术小品和广场铺地代替绿化，或采用冷季型草坪、大量采用整形模纹花灌木和成片布置应时草本花卉等建设投资大、养护管理要求高的绿化方式，来代替乔、灌、草相结合的植物艺术配植。还存在随意引入外地树种求新求异，最好移植大树以使绿化"立竿见影"的倾向；在植物配植上，存在园林植物种类构成单调、生态结构不合理、物种多样性较低和人工植物群落稳定性差等。环境艺术小品只注重装饰性，而对如何与传统历史文化、居民需要相结合缺乏必要的探究，如滥用欧式廊柱、西洋水景、雕塑、花钵等，并且美其名曰"欧陆风情"等不一而足。

6.1.3 居住区绿地的组成

按照功能和所处的环境，居住区绿地分为居住区公共绿地，居住区公建设专用绿地，居住区道路绿地及居住区宅旁宅间绿地和庭院绿地

（1）公共绿地

公共绿地是指居住区公园、小区游园、组团绿地及防护绿地，是居民区居民公共使用的绿地。这类绿地常与老人、青少年及儿童活动场地结合布置。

1）居住区公园：居住区公园是指在城市规划中，按居住区规模建设的，具有一定活动内容和设施的配套公共绿地；居住小区中心游园是指在居住小区内，具有一定活动内容和设施的集中绿地；组团绿地是指直接靠近住宅建筑，结合居住建筑组群布置的绿地。居住区公园是为全居住区服务的居住区公共绿地，规划用地面积较大，一般在1hm²以上，相当于城市小型公园。公园内的设施比较丰富，有体育活动场地、各年龄组休息活动设施、画廊、阅览室、茶室等。公园常与居住区服务中心结合布置，以方便居民活动和更有效地美化居住区形象。居住区公园一般服务半径为800~1000m，居民步行到居住区公园的时间不多于10min左右的路程。

2）居住小区公园：居住小区公园又称为居住小区中心游园，亦包括小区级儿童公园，一般通称居住小区公园。居住小区公园就近服务居住小区内的居民，设置一定的健身活动设施和社交游憩场地，一般面积4000m²以上，在居住小区中位置适中，服务半径为400~500m。

3）组团绿地：组团绿地又称为居住生活单位组团绿地，包括组团儿童游乐场，是最接近居民的居民区公共绿地，它结合住宅组团布局，以住宅组团内的居民为服务对象。在规划设计中，特别要设置老年人和儿童休息活动场所，一般面积1000~2000m²，离住宅入口最大步行距离在100m左右。

居住区内除上述三种公共绿地外，根据居住区所处的自然地形条件和规划布局，还在居住区服务中心、河滨地带及人流比较集中的地段布局街心花园、河滨绿地、集散绿阴广场等不同形式的居住区公共绿地。

根据居住区规划结构形式和所处的周围环境，将居住区上述几类公共绿地进行二级或三级布局，形成居住区的公共绿地体系。二级布局体系有居住区公园—居住小区公园，居住区公园—组团绿地；三级布局体系有居住区公园—居住小区公园—组团绿地。各类居住区公共绿地的特征如图6-2所示。

图6-2　各类居住地公共绿地的特征

（2）公共服务设施所属绿地

公共服务设施所属绿地是指居住区内各类公共建筑和公用设施的环境绿地，如居住区俱乐部、影剧院、少年宫、医院、中小学、幼儿园等用地的环境绿地。其绿化布置要满足公共建筑和公用设施的环境要求，并考虑与周围环境的关系。

（3）道路绿地

道路绿地是指居住区主要道路（居住区主干道）两侧或中央的道路绿化带用地。一般居住区内道路路幅较小，道路红线范围内不单独设绿化带，道路的绿化结合在道路两侧的居住区其他绿地中，如居住区宅旁绿地、组团绿地。

（4）宅旁绿地和居住庭院绿地

宅旁绿地和居住庭院绿地是指居住建筑四周的绿化用地及居民庭院绿地，包括住宅前后及两栋住宅之间的绿地，遍及整个住宅区，和居民的日常生活有密切关系。

6.1.4 居住区绿地定额指标

居住区绿地指标用于反映一个居住区绿地数量的多少和质量的好坏，以及城市居民生活福利水平，也是评价城市环境质量的标准和城市居民精神文明的标志之一。随着城市建设的发展，绿化事业逐渐受到重视，居住区绿地也相应地受到关注，绿地指标不断提高。

居住区绿地指标由居住区绿地率、绿地覆盖率和人均公共绿地面积组成。

绿地率：居住区用地范围内各类绿地面积的总和占居住区用地总面积的比率。

绿化覆盖率：居住区用地范围内所有绿化种植的垂直投影面积占居住区总面积的百分比（乔木下的灌木投影面积、草坪面积不得计入在内）。

人均公共绿地面积：居住区中每个居民平均占有公共绿地的面积。

建设部颁布的行业标准《居住区规划设计规范》（GB 50180—1993）中规定，新建居住区中绿地率不低于30%，旧区改造中不低于25%；居住小区公共绿地（含组团绿地）应不少于$1m^2$/人，居住区（含小区与组团）应不少于$1.5m^2$/人，组团绿地应不少于$0.5m^2$/人，并应根据居住区规划组织结构类型统一安排、灵活使用。我们可以看出，一个地区的绿地率要大于绿化覆盖率，因为绿地率中的绿地面积往往包括园林水体、园路、广场和园林建筑的面积。

我国各地居住区绿地由于条件不同，差别较大，总的来说标准比较低。一些发达国家居住区绿地指标较高，一般在人均$3m^2$以上，公共绿地率在30%左右，如伦敦巴比干小区绿地率为25.3%，日本东京都户山小区绿地率为38.27%，瑞典斯德哥尔摩里丁格小区绿地率为35%。

6.2　居住区景观设计

6.2.1　居住区绿地设计的原则与要求

（1）居住区绿地设计的基本要求

1）居住区的绿地规划设计要以人为本，以人与自然和谐统一为前提；以满足居民的休憩娱乐和日常活动为根本原则，符合居民游憩心理和行为规律要求，以住户的精神生活需求为设计重点，创造优美舒适的居住环境。

2）以城市生态环境系统作为重点基础，把生态效益放在第一位，以提高居民小区的环境质量，维护与保护城市的生态平衡。以生态学理论为指导，以再现自然、改善和维持小区生态平衡为宗旨，以人与自然共存为目标，以园林绿化的系统性、生物发展的多样性、植物造景为主题的可持续性为使命，达到平面上的系统性、空间上的层次性、时间上的连续性。

3）绿化与美化相结合，树立用植物造景的观念。居住环境需要绿色植物的平衡与调节，根据居住区内外的环境特征、立地条件，结合景观规划、防护功能等，按照适地适树的原则进行植物规划，强调植物分布的地域性和地方特色。

4）创造积极休闲的环境，提供人们更多户外活动空间和交流交往的机会。居民区的绿地是居民业余户外活动的主要场所，要留有一定面积的居民活动场地。可适当设置园林建筑、小品、广场等以满足人们进行休闲、观赏、娱乐、健身等活动要求。

（2）居住区绿地设计应遵循的基本原则

1）居住区绿地规划应在居住区总图规划阶段同时进行、统一规划，绿地均匀分布在居住区域小区内部，使绿地指标、功能得到平衡，居民使用方便。

2）要充分利用原有自然条件，因地制宜，充分利用地形、原有树木、建筑，以节约用地和投资。尽量利用劣地、坡地、洼地及水面作为绿化用地，并且要特别对古树名木加以保护和利用。生态环境功能是居住区绿地的游憩、景观、空间和生态环境四大基本功能中最重要的功能，居住区绿地是居住区中唯一能有效地维持和改善居住生态环境质量的环境因素，因此，在绿地规划设计和园林植物群落的营建中，在形成优美的绿地景观、构成符合居住区空间环境要求的绿地空间的基础上，应注重其生态环境功能的形成和发挥。在具体方法上，可通过配合地形变化，设计具有较强生态功能的多样的人工园林植物群落组合，采用生态铺装树荫式广场、林荫道等，又如把园林水景合理地布置在绿地中，充分利用动静水体水景的环境物理过程，结合园林植物群落，从而更有效地发挥绿地的生态功能。

3）居住区绿化应以植物造景为主进行布局，并利用植物组织和分隔空间，改善环境卫生与小气候；利用绿色植物塑造绿色空间的内在气质，风格宜亲切、平和、开朗，各居住区绿地也应突出自身特点、各具特色。

4）规划设计要处处以人为本，注意园林建筑、小品的尺度，营造亲切的人性空间。根据不同年龄居民活动、休息的需要，设立不同的休息空间，尤其注意要为残疾人的生活和社会活动提供条件，如一些无障碍设施的设置。人们在居住区环境中生活，除了有生理、安全的需要外，还有与他人接触、群体交往的需要和对室外自然空间和景观环境的需要。与城市居民日常生活最贴近，市民感受最直接、使用最便捷的室外环境就是居住区的绿地环境，尤其对于居住区中的学前儿童和退休老人人群，居住区的绿地（特别是居住区公共绿地）常常成为他们日常活动最主要的和必需的场所。因此，居住区的规划设计必须有效地为居民服务，特别是在居住区公共绿地规划设计中，要形成有利于邻里交往、居民休息娱乐的园林环境，要考虑老年人及儿童少年活动的需要，按照他们各自的活动规律配备设施，采用无障碍设计，以适应残疾人、老年人、幼儿的生理体能特点。

5）绿地设计要突出小区的特色，强调风格的体现，力求布局新颖，可通过小区主题的设置、园林建筑、小品的配置、园路铺装的设计和树种的选择与搭配等来体现。

6）根据绿地中市政设施布局和具体环境，绿地设计注重绿化和环境设施相结合起来，共同满足舒适、卫生、安全、美观的综合要求，满足人们对室外绿地环境的各种使用功能的要求。居住区绿地的规划设计要遵循城市园林绿化设计的一般原则。首先，应充分利用规划用地内的自然条件、特色景观和绿化基础；其次，应根据当地气候生态特点和用地的土壤条件，结合立地环境的适当改造，选择适生的绿化材料；同时，居住区绿化中既要有统一的基调，又要在布局形式、绿化材料选择等方面做到多样而各具特色。

居住区绿化设计要根据绿地中居住区室外管线、构筑物的布置情况和道路的线型和布局、绿地与建筑物的空间关系进行，种植设计要符合有关种植设计规范，避免影响居住区的交通视线、建筑物对日照、采光、通风和视线空间的要求。

居住区内地下管线是居住区基础设施中的重要组成部分，地下管线一般包括电信、电缆、热力管、煤气管、给水管、雨水管（目前少数居住区的电信线、电力线采用架空线），地下地上构筑物包括化粪池、雨水井、污水井、各种管线检查井、室外配电箱、冷却塔和垃圾站等，在绿地中的这些管线和构筑物都直接对绿化布置起限制作用。居住区绿地除公共绿地外，其他绿地被建筑物、道路铺地分割，从而使每一块面积不大的绿地往往与建筑物和道路有紧密的空间关系。对处在这种环境中的绿地进行绿化布置，要求绿化植物的生长（尤其是根系的生长）避免对居住区中的管线、构筑物等设施造成破坏以及给日常检修带来不便；同时，要尽量减少这些环境因素对绿化植物生长的不利条件和限制，使植物根系在土壤中有合理的营养空间。居住区建筑物外墙边绿地的绿化，要求不能影响建筑物对采光、通风、日照和视觉空间的要求，如绿化配植高大乔木时，应考虑其与建筑物门、窗、门厅位置的相互关系。

6.2.2 居住区景观设计的基础工作

在进行居住区绿地设计之前，要先对地块进行详尽的调查，应做好社会环境和自然环境的调查。同时，还要了解规划部门或开发商对居住区的规划设计要求，只有全面地掌握居住区的现状信息，才能合理而正确地做好规划设计。

1）居住区所在地的自然环境调查：包括地形、气候、水文、土壤、植被等方面。

2）居住区所在地的社会环境调查：包括居住区的规划发展要求；入住居民的人数、年龄结构、文化素质、习俗爱好等；居住区用地与城市交通的关系；居住区所在地的周边绿地条件；居住区所在地的历史、人文资料的调查。

3）居住区用地地形图、规划图和详细设计所需的测量图的收集。居住区绿地规划设计必须全面把握居住区布局形式和开放空间系统的格局，了解居住区要求的景观风貌特色；具体如住宅建筑的类型、组成及其布局，居住区公共建筑的布局，居住区所有建筑的造型、色彩和风格，居住区道路系统布局等。如图6-3所示。

图6-3　项城市亿嘉新城小区区位分析

要求收集居住区总体规划的文本、图纸和部分有关的土建和现状情况的图文资料，进行实地调查。在居住区绿地的详细规划和施工设计时，要依据居住区总平面图（包括高程地形设计）、工程管线综合图、给排水总平面布置等图纸，还包括部分建筑物底层（有时包括2~3层）的平面图，以便根据绿地中管线、构筑物具体位置，根据居住区道路边路灯布置、建筑物门厅、窗、排风孔等的具体位置，结合有关规范进行具体的种植设计，以统一协调绿化（特别是乔木定植点）与建筑物、地下管线、构筑物、路灯等的位置关系。

6.2.3 居住区景观设计程序

居住区景观设计项目的开展，就其程序而言包括设计准备、景观总体规划、方案设计、扩展初步设计、施工图设计几个阶段。

6.2.4 居住区景观总体设计

随着我国经济的快速发展，人口的逐年递增，城市化的进程逐渐推进，大量的人口涌入大、中、小城市，城市人口急剧增长，住宅建筑得到了突飞猛进的发展。住宅建筑作为城市建设的重要组成部分，在讲究以人为本、构建和谐社会的同时，城市人文、绿化、园林景观也纳入了新时期发展的范畴。作为人民生活质量提高的指标，城市景观有着举足轻重的作用。住宅小区的景观设计也随之成为城市园林系统点、线、面相结合中一个不可或缺的环节，设计一个适当和可持续发展的集园林艺术和文化艺术为一体的生态小区，不仅是城市人工生态系统平衡和创造小区品位的需要，更是人们安居乐业的重要保证。

（1）前期规划分析

设计工作开始之初，要求设计主创充分分析项目的整体情况，包括交通分析、空间组织、建筑场地分析、建筑风格特点，这些分析结果是方案形成的来源，结合居住区绿地现状、立地条件对调查所得资料进行整理和分析，确定居住区绿地规划设计的思想和绿化风格。居住区绿地的立地条件具体指：由周围建筑物所围合的绿地空间的朝向及建筑物与绿地间的空间尺度关系、绿地现状地形高差、土壤类型与理化性状及其在居住区施工中受建筑垃圾污染的情况，地下水位以及在北方寒冷地区冬季冻土层情况等。绿化设计中，既要根据立地条件选择适应性强而观赏价值和景观效果一般的园林植物，亦应适当改良立地条件，配植对环境条件要求较高、观赏价值较高的园林植物。要确保绿化布置的生态合理性，在达到全面绿化的基础上，绿化布置重点和一般相结合，控制合理的投资和取得较好的景观与生态效益。如图6-4所示为前期交通分析。

（2）空间组织立意

景观设计必须呼应居住区设计整体风格的主题，硬质景观要同绿化等软质景观相协调。不同居住区设计风格将产生不同的景观配置效果，现代风格的住宅适宜采用现代景观造园手法，地方风格的住宅则适宜采用具有地方特色和历史语言的造园思路和手法。当然，城市设计和园林设计的一般规律，诸如对景、轴线、节点、路径、视觉走廊、空间的开合等，都是通用的。同时，景观设计要根据空间的开放度和私密性组织空间，如图6-5所示。

设计应要体现地方特征，景观设计要充分体现地方特征和基地的自然特色。我国幅员辽阔，自然区域和文化地域的特征相去甚远，居住区景观设计要把握这些特点，营造出富有地方特色的环境。同时居住区景观应充分利用区内的地形地貌特点，塑造出富有创意和个性的景观。景观的使用几乎渗透到了居住区环境的各个角落，在景观设计中如何对这些设计元素进行综合取舍、合理配置乃是景观设计的要点，如图6-6所示。

现代居住区景观设计有以下几种模式：

1）哈罗模式。以英国哈罗新城为典型。具有最大的整体性和连续，从景观和生态角度最有利。此模式需要大片的绿地，仅适用于用地条件比较宽松的城市和居民区。

2）昌迪加尔模式。以印度昌迪加尔为典型。特点是以带状公共绿地贯穿居住区。

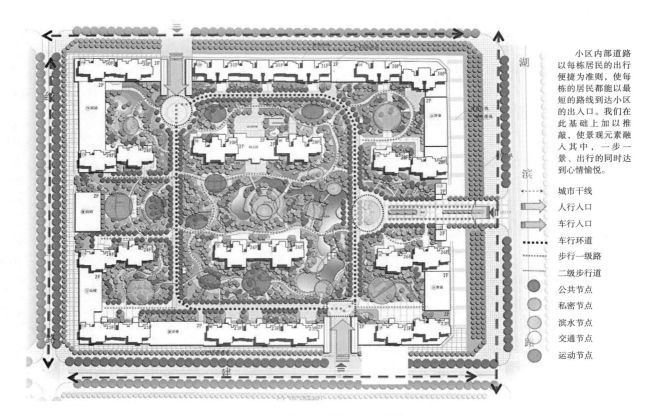

小区内部道路以每栋居民的出行便捷为准则，使每栋的居民都能以最短的路线到达小区的出入口。我们在此基础上加以推敲，使景观元素融入其中，一步一景、出行的同时达到心情愉悦。

- - - - ▶ 城市干线
⇨ 人行入口
⇨ 车行入口
- - - - 车行环道
· · · · · 步行一级路
二级步行道
● 公共节点
● 私密节点
● 滨水节点
● 交通节点
● 运动节点

图6-4　项城市亿嘉新城小区交通分析

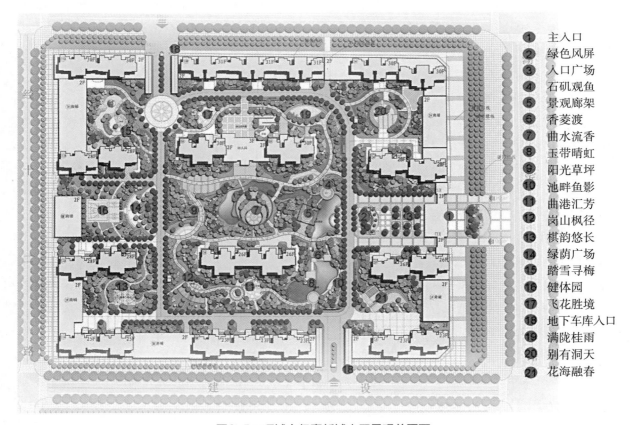

① 主入口
② 绿色风屏
③ 入口广场
④ 石矶观鱼
⑤ 景观廊架
⑥ 香菱渡
⑦ 曲水流香
⑧ 玉带晴虹
⑨ 阳光草坪
⑩ 池畔鱼影
⑪ 曲港汇芳
⑫ 岗山枫径
⑬ 棋韵悠长
⑭ 绿荫广场
⑮ 踏雪寻梅
⑯ 健体园
⑰ 飞花胜境
⑱ 地下车库入口
⑲ 满陇桂雨
⑳ 别有洞天
㉑ 花海融春

图6-5　项城市亿嘉新城小区景观总平面

图6-6 项城市亿嘉新城小区景观鸟瞰

3）日本模式。以交通干道为界，各级公共绿地作为嵌块位于相应规模的用地中心，各嵌块之间用绿道联系，基本上也是一种向心封闭的模式。

4）散点式模式。我国和俄罗斯基本上是此模式。类型主要有：

居住区公园＋小区游园＋组团绿地＋宅间绿地；

居住区公园＋组团绿地＋宅间绿地；

小区游园＋组团绿地＋宅间绿地。

经过近些年的建设实践，我国居住区绿化模式逐步改善，并呈现出一些新的模式：

1）种植绿化乔、灌、花、草结合，马尼拉草、火凤凰等草类地被植物塑造了绿茵盎然的植物背景，点缀具有观赏性的高大乔木如香樟、玉兰、棕榈、银杏等，以及丛栽的球状灌木和颜色鲜艳的花卉，高低错落、远近分明、疏密有致，绿化景观层次丰富，如图6-7所示。

2）种植绿化平面与立体结合，居住区绿化已从水平方向转向水平和垂直相结合，根据绿化位置的不同，垂直绿化可分为围墙绿化、阳台绿化、屋顶绿化、悬挂绿化、攀爬绿化等。

3）种植绿化实用性与艺术性结合，追求构图、颜色、对比、质感，形成绿点、绿带、绿廊、绿坡、绿面、绿窗等绿色景观，同时讲究和硬质景观的结合使用，也注意绿化的维护和保养。所有这些都极大地丰富了居住区绿化的内涵。

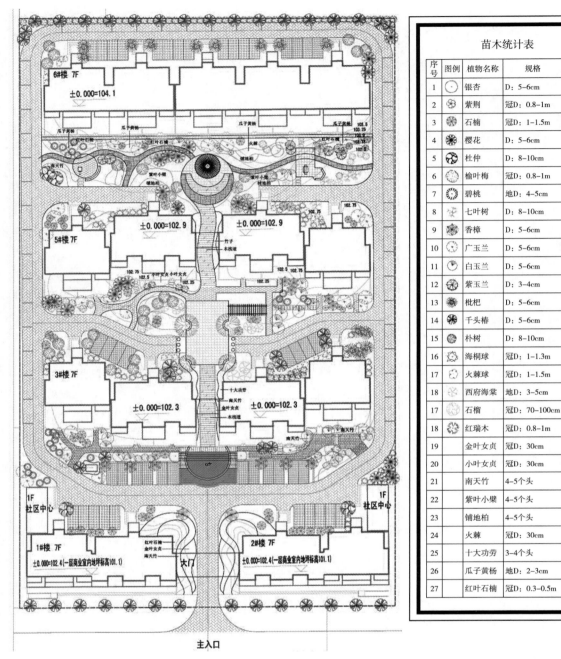

苗木统计表

序号	图例	植物名称	规格	数量
1		银杏	D：5~6cm	4
2		紫荆	冠D：0.8~1m	10
3		石楠	冠D：1~1.5m	55
4		樱花	D：5~6cm	20
5		杜仲	D：8~10cm	4
6		榆叶梅	冠D：0.8~1m	26
7		碧桃	地D：4~5cm	23
8		七叶树	D：8~10cm	4
9		香樟	D：5~6cm	14
10		广玉兰	D：5~6cm	27
11		白玉兰	D：5~6cm	17
12		紫玉兰	D：3~4cm	5
13		枇杷	D：5~6cm	14
14		千头椿	D：5~6cm	43
15		朴树	D：8~10cm	30
16		海桐球	冠D：1~1.3m	53
17		火棘球	冠D：1~1.5m	26
18		西府海棠	地D：3~5cm	16
17		石榴	冠D：70~100cm	4
18		红瑞木	冠D：0.8~1m	52
19		金叶女贞	冠D：30cm	2500
20		小叶女贞	冠D：30cm	1800
21		南天竹	4~5个头	2200
22		紫叶小檗	4~5个头	2100
23		铺地柏	4~5个头	1700
24		火棘	冠D：30cm	500
25		十大功劳	3~4个头	580
26		瓜子黄杨	地D：2~3cm	3500
27		红叶石楠	冠D：0.3~0.5m	4200

图6-7　郑州望湖人家景观总平面

（3）分区设计

在空间布局基本确定的情况下，接下来就可以展开居住区绿地内各个区块的细化设计，包括居住区公园、小区游园等公共绿地和宅间绿地及道路绿地等。在这个阶段要逐渐明确各个区块的具体形态形式，设计手法比较丰富，但一个基本的前提是要呼应总的空间布局和设计风格。

1）居住区公园。居住区公共绿地是居民日常休息、观赏、锻炼和社交的就近便捷的户外活动场所，规划布局必须以满足这些功能为依据。居住区公共绿地主要有居住区公园、居住小区公园和住宅组团绿地三类，它们在用地规模、服务功能和布局方面都有不同的特点，因而在规划布局时，应区别对待。

居住区公园是为整个居住区居民服务的居住区公共绿地，布局在居住人口规模达30000~50000人的居住区中，面积在10000m²以上。它在用地性质上属于城市园林绿地系统中的公共绿地部分，在用地规模、布局形式和景观构成上与城市公园无明显的区别。

居住区公园在选址与用地范围的确定上，往往利用居住区规划用地中可以利用且具保留或保护的自然地形地貌基础或有人文历史价值的区域。公园内设施和内容比较丰富齐全，有功能区或景区的划分，除以绿化为主外，常以小型园林水体、地形地貌的变化来构成较丰富的园林空间和景观。居住区公园应规划一定的游览服务建筑，同时布置适宜的活动场地并配套相应的活动设施，点缀景观建筑和园林小品。由于居住区公园相对于一般城市公园而言，规划用地面积较小，因此布局较为紧凑，各功能区或景区间的联系紧密，游览路线的景观变化节奏比较快。

一般居住区公园规划布局应达到以下几个方面的要求：

① 满足功能要求，划分不同功能区域。根据居民各种活动的要求布置休息、文化娱乐、体育锻炼、儿童游戏及人际交往等活动场地和设施；

② 满足园林审美和游览要求，以景取胜，充分利用地形、水体、植物及园林建筑，营造园林景观，创造园林意境。园林空间的组织与园路的布局应结合园林景观和活动场地的布局，兼顾游览交通和展示园景两方面的功能；

③ 形成优美自然的绿化景观和优良的生态环境，居住区公园应保持合理的绿化用地比例，发挥园林植物群落在形成公园景观和公园良好生态环境中的主导作用，如图6-8~图6-11所示。

居住区公园的规划设计手法主要参照城市综合性公园的规划设计手法，但应充分考虑居住区公园的功能特点。居住区公园的游人主要是本居住区居民，居民游园时间大多集中在早晚，特别在夏季，游人量较多。在规划布局中，应多考虑晚间游园活动所需的场地和设施，多配植夜香植物，基础设施配套要满足节假日社区游园活动的功能要求，如注意配套公园晚间亮化、彩化照明配电。

居住区公园设计，从景观角度考虑，一般视野开阔、树种搭配多样、空间变化丰富，能较好地展现自然之美，尽量找回"回归自然"的感觉。传统的亭台楼阁、奇石假山等，虽本身具有一定的审美价值，但与现代居民区的环境难以协调。从游憩角度考虑，一般离住宅在800~1000m之间，步行10min内。

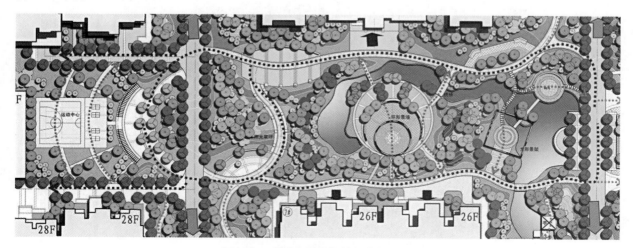

图6-8 项城市亿嘉新城居住区公园

图6-9　项城市亿嘉新城居住区公园

图6-10　项城市亿嘉新城小区居住区公园

图6-11　项城市亿嘉新城小区居住区公园

居住区公园布局模式包括以下几点：

① 广场式。以铺地广场为主，便于开展综合性活动。但应注意广场周围适当栽植树木，使其成为绿化覆盖的广场，避免大而无用的仅由硬地铺的广场。② 开敞草坪式。优点是视野开阔、大面积碧绿色块与周围建筑形成鲜明对比，令人感觉明快舒畅。但缺点是绿量较少，生态效益差，应适当增植乔木、提高绿地绿视率。③ 组景式。利用地形、植物、围墙等划分景区，追求空间变化，以游赏路线组织景观和活动区，有意模仿传统园林或城市公园的设计手法。④ 混合式。广场、草坪或利用地形、植物的造景混合在一起，满足人们的各种需要。适用面积较大的游园。

目前，居住公园和游园存在的问题：观赏性内容较多，活动场地特别是体育活动场地过少。美国运动场服务半径为400~800m，每3000~5000人一处，面积1.2~3.2ha；运动公园服务半径800~1000m，每1500~2000人一处，4.0~20ha。德国规定运动场地人均4.0~5.0m^2，露天游泳池人均1.0m^2。

《居住区规划设计资料集》（1996年，中国建工出版社）提出体育运动场指标：居住区运动场千人指标200~300m^2，小区级体育运动场千人指标200~300m^2，相当于人均0.2~0.3m^2。

一般认为，组团和宅间绿地适宜设置幼儿和12周岁以下学龄儿童游戏场地，而在小区、居住区级绿地中宜设置12周岁以上青少年游戏场地。这些指标包括在绿地指标中。

2）小区游园与组团绿地。小区游园面积较居住区公园稍小一些，功能与设计手法与居住区公园类似，只是注意设计尺度的把握与居住区公园区别对待，具体设计手法可以参考居住区公园，如图6-12、图6-13所示。

组团绿地一般有可识别的边界和形成场所感的公共活动场所。在使用上，组团绿地必须有较多的活动面积；从视觉上看，组团绿地应具备作为中心的标志和象征。20世纪80年代调查组团绿地使用情况，绿地覆盖率在55%~80%，居民活动面积在50%以上，能保证良好的绿化效果，也便于居民活动。

组团绿地的位置根据建筑组群的不同组合而形成，可有以下几种方式：

① 利用建筑形成的院子布置，不受道路行人车辆的影响，环境安静，比较封闭，有较强的庭院感。

② 在行列式布置中，将住宅间距扩大到原间距的2倍左右，在扩大的住宅间距中布置组团绿地，可以改变行列式住宅的单调狭长空间感。

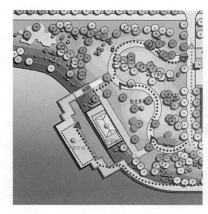

图6-12 平顶山十里画廊小区游园

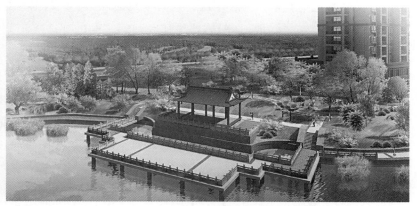

图6-13 平顶山十里画廊小区游园

③ 行列式住宅，适当拉开山墙距离，开辟绿地，打破了行列式山墙间形成的狭长胡同的感觉，组团绿地又与庭园绿地互相渗透，扩大绿化空间感。

④ 住宅组团的一角，在不便于布置住宅建筑的角隅空地安排绿地，能充分利用土地，由于在一角，从而加大了服务半径。

⑤ 结合公共建筑布局，使组团绿地和专用绿地连成一片，相互渗透，形成一片面积较大的公共休闲绿地，扩大了绿化的空间感。

⑥ 组团绿地一面或两面临街布置，使绿化和建筑互相映衬，丰富了街道景观，也成为行人休息之地。

⑦ 自由式布置的住宅，组团绿地穿插其间，空间活泼多变，组团绿地与宅旁绿地结合，扩大绿色空间。

组团绿地布置方式有以下几种：

① 开敞式：不以绿篱或栏杆与周围分隔，居民可以自由进入绿地内游憩活动，如图6-14~图6-16所示。

② 半封闭式：用绿篱或栏杆与周围分隔，但留有若干出入口，允许居民进出。

③ 封闭式：绿地为绿篱、栏杆所隔离，居民不能进入绿地，主要以草坪和模纹花坛为主，只供观赏。

组团绿地的内容安排可有绿化种植、安静休息、游戏活动等，还可附有一些小品建筑或活动设施。具体内容要根据居民活动的需要来安排。

① 绿化种植部分：植物配置要考虑季相景观变化及植物生长的生态要求，尽量选用抗性强、病虫害少的植物种类。根据造景和使用上的需要，可种植乔木、灌木、花卉和铺设草坪，亦可设花架种藤本植物，设置水池种植水生植物。

② 安静休息部分：该部分应设在远离道路的区域，以便形成安静的氛围，为老年人活动、休息提供场地。内可设亭、花架、桌、椅、廊等休息设施，并布置一定的铺装地面和草地，供老人散步、练拳等健身活动之用，同时亦可设小型雕塑及其他建筑小品供人静赏。

③ 游戏活动部分：可分别设计幼儿和少儿活动场，供儿童进行游戏和体育活动，如设置沙坑、游戏器械、戏水池和一些体育运动场地等，此部分应设在离住宅较远的地方，以免噪声影响居民。

3）宅间绿地。宅间宅旁绿地和庭园绿地是居住区绿化的基础，占居住区总绿地面积的50%，左右，在小区总用地中，一般来说，宅间绿地面积比小区公共绿地面积指标大2~3倍。包括住宅建筑四周的绿地（宅旁绿地）、前后两幢住宅建筑之间的绿地（宅间绿地）和别墅住宅的庭院绿地、多层低层住宅的底层单元小庭园等。这些绿地与居民日常生活和住宅建筑的室内外环境密切相关，绿地空间的主要功能是为住宅建筑提供满足日照、采光、通风、安宁卫生和私密性等基本环境要求所必需的室外空间。宅间宅旁绿地一般不作为居民的游憩绿地，在绿地中不布置硬质园林景观，而完全以园林植物进行布置，当宅间绿地较宽时（20m以上），可布置一些简单的园林设施，如园路、坐凳、小铺地等，作为居民十分方便的安静休息用地。别墅庭院绿地及多层、低层住宅的底层单元小庭园，是仅供居住家庭使用的私人室外空间。

宅间宅旁绿地和家园绿地绿化布置的原则。宅间宅旁绿地和庭园绿地绿化布置，应注意以下原则：

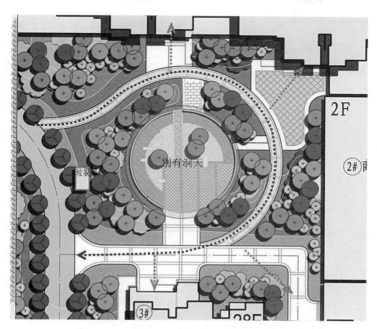

图6-14 项城市亿嘉新城小区开敞式组团绿地

图6-15 项城市亿嘉新城小区开敞式组团绿地

图6-16 开敞式组团绿地

① 宅间宅旁绿地贴近住宅建筑，其绿地平面形状、尺度及空间环境与其近旁的住宅建筑的类型、平面布置。间距，层数和组合及宅前道路布置直接相关，绿化设计必须考虑这些因素。

② 居住区中，往往是由数幢或十数幢相同或相似形式的住宅建筑组合，构成一个或几个有一定风格特色的居住组团，再由形式相同相似或不同的居住组团构成居住小区或居住区的住宅建筑群，因而存在相同或相似的宅间宅旁绿地的平面形状、尺寸和空间环境，在具体的绿化设计中应体现住宅标准化与环境多样化的统一，在数处相同的绿地环境中，绿化布局要求风格协调、基本形式统一又各有特点。

③ 绿化布置要注意绿地的空间尺度，避免由于乔木种植过多或选择树种的树形过于高大，而使绿地空间显得拥挤、狭窄及过于荫蔽。乔木的体量、数量、布局要与绿地的尺度、建筑间距和层数相适应，乔木和大灌木的栽植不能影响住宅建筑的日照通风采光，特别是在南向阳台、窗前不要栽乔木，尤其是常绿乔木。

④ 住宅周围地下管线和构筑物较多，树木栽植点须与它们有一定的安全距离，具体应按有关规范进行。

⑤ 住宅周围常因建筑物的遮挡形成面积不一的庇荫区，因此要重视耐阴树木、地被的选择和配植，形成和保持整体良好的绿化效果。

住宅建筑的类型对建筑布局起重要影响，不同类型的住宅建筑和相应的布局形式决定了其周边绿地的空间环境特点，也大致形成了对绿化的空间形式、景观效果、实用功能等方面的基本要求和可能利用的条件。在绿化设计时，具体对待每一种住宅建筑类型和布局形式所属宅间宅旁绿地，创造合理而多样的配植形式，形成居住区丰富的绿化景观，如图6-17、图6-18所示。

在宅旁绿地的绿化设计中，还应注意与建筑物关系密切部位的细部处理。如建筑物入口处两侧绿地，一般以对植灌木球或绿篱的形式来强调入口，不要栽种有尖刺的园林植物，如凤尾兰、丝兰、枸骨球等，以免刺伤行人；墙基、角隅绿化，墙基可铺植树冠低矮紧凑的常绿灌木，墙角栽植常绿大灌木丛，这样可以改变建筑物生硬的轮廓，调和建筑物与绿地在景观质地色彩上的差异，使两者自然过渡。防止日晒也是绿化的目的，可采取两种方法：一是对东西山墙进行垂直绿化，可以

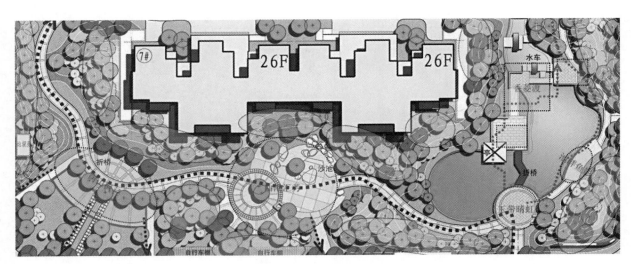

图6-17　楼间绿地平面

图6-18　楼间绿地效果图

有效地降低墙体温度和室内气温，也美化装饰了墙面，南方常见的垂直绿化材料如地锦、凌霄、常春藤等，一是在两墙外侧栽高大乔木，其绿化空间景观的作用在前文已述及。此外，对景观不雅、有碍卫生安全的构筑物要有安全卫护设施，如垃圾收集站、室外配电站、变压器等，要用常绿灌木围护，在南方采用如珊瑚树、椤木、火棘等，北方采用侧柏、桧柏等。

不同建筑类型的绿化：居住区住宅建筑类型及其群体组合形式一般可概括为四大类型，每一种类型应采取相应的绿化布置方法。

宅间绿地设计应考虑：

树木分枝点宜低，这样人的视线封闭在一层左右高度，能够减轻高层住宅巨大体量带来的压迫感；树木不应过密或太靠近住宅，以免影响低层用户通风和采光；适当运用乔木可减少相对住宅间的视线干扰，保持私密性；不同树种的搭配，增加了院落空间的识别性；宅间绿地要以绿为主，适当布置休息座椅和供安静休憩的场地。

宅北侧与宅间小路之间往往作为绿地处理，可保持底层住房的私密性。但由于没有充足的阳光，大多生长不良，也可作为停自行车场地或活动用地。

4）道路绿地设计

● 主干道绿化。居住区主干道是联系各小区及居住区内外的主要道路，除了人行外，车辆交通比较频繁，行道树的栽植要考虑行人的遮阴与车辆交通的安全，在交叉口及转弯处要留有安全视距。宜选用姿态优美、冠大荫浓的乔木进行行列式栽植；各条主干树种选择应有所区别，体现变化统一的原则；中央分车绿带可用低矮花灌和草皮布置；在人行道与居住建筑之间，可多行列植或丛植乔灌木，以利于防止尘埃和阻挡噪声；人行道绿带还可用耐阴花、灌木和草本花卉种植形成花境，借以丰富道路景观；或结合建筑山墙、路边空地采取自然式种植，布置小游园和游憩场地。

● 次干道绿化。次干道（小区级）是联系居住区主干道和小区内各住宅组团之间的道路，是组织和联系小区各项绿地的纽带，对居住小区的绿化面貌有很大作用，宽6~7m。使用功能以行人为主，通车次之，也是居民散步之地。绿化布置应着重考虑居民观赏、游憩需要，丰富多彩、生动活泼。树种选择上可以多选观花或富于叶色变化的小乔木或灌木，如合欢、樱花、红叶李、红枫、乌桕等，每条道路选择不同树种、不同断面种植形式，使其各有个性；在一条路上以某一两种花木为主体，形成特色．还可以主要树种给道路命名，如合欢路、樱花路、紫薇路等，也便于行人识别方向和道路。次干道绿化还可以结合组团绿地、宅旁绿地等进行布置，以扩大绿地空间，形成整体效果。次干道还应满足救护、消防、运货、清除垃圾及搬运家具等车辆的通行要求，可设计成隐蔽式车道，车道内种植不妨碍车辆通行的草坪花卉，铺设人行道，平日作为绿地使用，应急时可供特殊车辆使用，有效地弱化了单纯车道的生硬感，提高了景观效果。

● 住宅小路的绿化。住宅小路，是联系各幢住宅的道路，宽3~4m。使用功能以行人为主。绿化布置可以在一边种植乔木，另一边种植花灌木、草坪；宅前绿化不能影响室内采光或通风；绿化布置要适当后退0.5~1m，以便必要时急救车和搬运车驶近住宅；在小路交叉口有时可以适当拓宽，与休息场地结合布置；在公共建筑前面，可以采取扩大道路铺装面积的方式来与小区公共绿地、专用绿地、宅旁绿地结合布置，设置花台、座椅、活动设施等，创造一个活泼的活动中心；宅间小路在满足功能的前提下，应曲多于直，宜窄不宜宽；行列式住宅各条小路，方式采取多样化从树种选择到配置，从而形成不同的景观，也便于识别家门。

（4）单项设计

1）道路。道路是居住区的构成框架，一方面，它起到了疏导居住区交通、组织居住区空间的功能，另一方面，好的道路设计本身也构成居住区的一道亮丽风景线。按使用功能划分，居住区道路一般分为车行道和宅间人行道。居住区道路尤其是宅间路，其往往和路牙、路边的块石、休闲座椅、植物配置、灯具等，共同构成居住区最基本的景观线。因此，在进行居住区道路设计时，我们有必要对道路的平曲线、竖曲线、宽窄和分幅、铺装材质、绿化装饰等进行综合考虑，以赋予道路美的形式。

道路作为车辆和人员的汇流途径，具有明确的导向性，道路两侧的环境景观应符合导向要求，并达到步移景移的视觉效果。道路边的绿化种植及路面质地色彩的选择应具有韵律感和观赏性。

在满足交通需求的同时，道路可形成重要的视线走廊。因此，要注意道路的对景和远景设计，以强化视线集中的观景。

休闲性人行道、园道两侧的绿化种植，要尽可能地形成绿荫带，并串联花台、亭廊、水景、游乐场等，形成休闲空间的有序展开，增强环境景观的层次。

居住区内的消防车道占人行道、院落车行道合并使用时，可设计成隐蔽式车道，即在4m幅宽的消防车道内种植不妨碍消防车通行的草坪花卉，铺设人行步道，平日作为绿地使用，应急时供消防车使用，有效地弱化了单纯消防车道的生硬感，提高了环境和景观效果。

2）驳岸。河道驳岸起到防洪泄洪、防护堤岸的作用。在硬质景观设计中如能巧妙地在驳岸的形式、材质上做文章，通过河道的宽窄和形态控制水流速度，制造急流、缓流、静水，形成动静结合、错落有致，自然与人工交融的水景，再辅以灯光、喷泉、绿化、栏杆等装饰，则可形成区内多视线、全天候的标志景观。

3）铺地。广场铺地在居住区中是人们通过和逗留的场所，是人流集中的地方。在规划设计中，通过它的地坪高差、材质、颜色、肌理、图案的变化创造出富有魅力的路面和场地景观。目前在居住区中铺地材料有几种，如广场砖、石材、混凝土砌块、装饰混凝土、卵石、木材等。优秀的硬地铺装往往别具匠心，极富装饰美感。如某小区中的装饰混凝土广场中嵌入孩童脚印，具有强烈的方向感和趣味性。铺装表面不要过于光滑，色彩过于鲜艳（见图6-19）。

图6-19 小区铺装设计

4）小品。小品在居住区硬质景观中具有举足轻重的作用，精心设计的小品往往成为人们视觉的焦点和小区的标识。小品一般包括雕塑小品、园艺小品、设施小品等。

● 雕塑小品。雕塑小品又可分为抽象雕塑和具象雕塑，使用的材料有石雕、钢雕、铜雕、木雕、玻璃钢雕。雕塑设计要同基地环境和居住区风格主题相协调，优秀的雕塑小品往往起到画龙点睛、活跃空间气氛的作用。同样值得一提的是现在广为使用的"情景雕塑"，表现的是人们日常生活中动人的一瞬，耐人寻味。苏州"名都花园"活动广场中设计的三块屏风钢板，上面镂刻着百家姓，太阳光影的作用在地面映射出黑白字迹，宛如一幅书法作品，孩童在大人带领下寻找自己的姓氏，雕塑小品发挥了良好的景观效果。又如，苏州安居工程"新升新苑"入口"年年有余"抽象雕塑，表达了人们追求幸福安康生活的美好心愿，贴切"安居乐业"的主题。

● 园艺小品。园艺小品是构成绿化景观不可或缺的组成部分。苏州古典园林中，芭蕉、太湖石、花窗、石桌椅、楹联、曲径小桥等是古典园艺的构成元素。当今的居住区园艺绿化中，园艺小品则更趋向多样化，一堵景墙、一座小亭、一片旱池、一处花架、一堆块石、一个花盆、一张充满现代韵味的座椅，都可成为现代园艺中绝妙的配景，其中有的是供观赏的装饰品，有的则是供休闲使用的"小区家具"。

● 设施小品。在居住区中有许多方便人们使用的公共设施，如路灯、指示牌、信报箱、垃圾桶、公告栏、单元牌、电话亭、自行车棚等。比如，居住区灯具就有路灯、广场灯、草坪灯、门灯、泛射灯、建筑轮廓灯、广告霓虹灯等，仅路灯就有主干道灯和庭院灯之分。这些灯具的造型日趋美观精致，还可和悬挂花篮以及旗帜结合成为居住区精美的点缀品。上述小品如经过精心设计也能成为居住区环境中的闪光点，体现出"于细微处见精神"的设计，见图6-20。

常用小品在设计时注意以下几点：

① 入口标志。追求个性，避免雷同是入口标志设计的要点。

② 花架。常设在小路、广场上或与凉亭相连，或与花坛、雕塑、水池组合在一起，注意要与

图6-20　小区水车设计

周围环境相适应。

　　③凉亭。要与周围的建筑、绿化种植组织在一起，相互协调。

　　④雕塑小品。起画龙点睛的作用。

　　⑤座椅。多放在夏有树阴、冬有阳光，无碍交通的地方。

　　⑥花盆。固定、移动两种协调搭配。

6.2.5　居住区景观扩展初步设计

（1）初步设计的内容

　　扩展初步设计又叫扩大初步设计，"扩展初步设计"是指在方案设计基础上的进一步设计，但设计深度还未达到施工图的要求。扩初设计通常做到建筑各主要平面\立面，简单表达出大部尺寸\材料\色彩，但不包括节点做法和详细的大样以及工艺要求等具体内容。严格意义上，在建筑工程设计文件中没有所谓的"扩初设计"阶段，建筑工程设计只分为方案设计、初步设计和施工图设计。我们通常俗称的"扩初"是"扩大"了的"初步设计"，即"扩展初步设计"的简称。初步设计一般应满足编制施工图设计文件的需要，由三部分组成：

　　1）设计说明书，包括设计总说明、各专业设计说明（见图6-21）；

　　2）有关专业的设计图纸；

　　3）工程概算书。

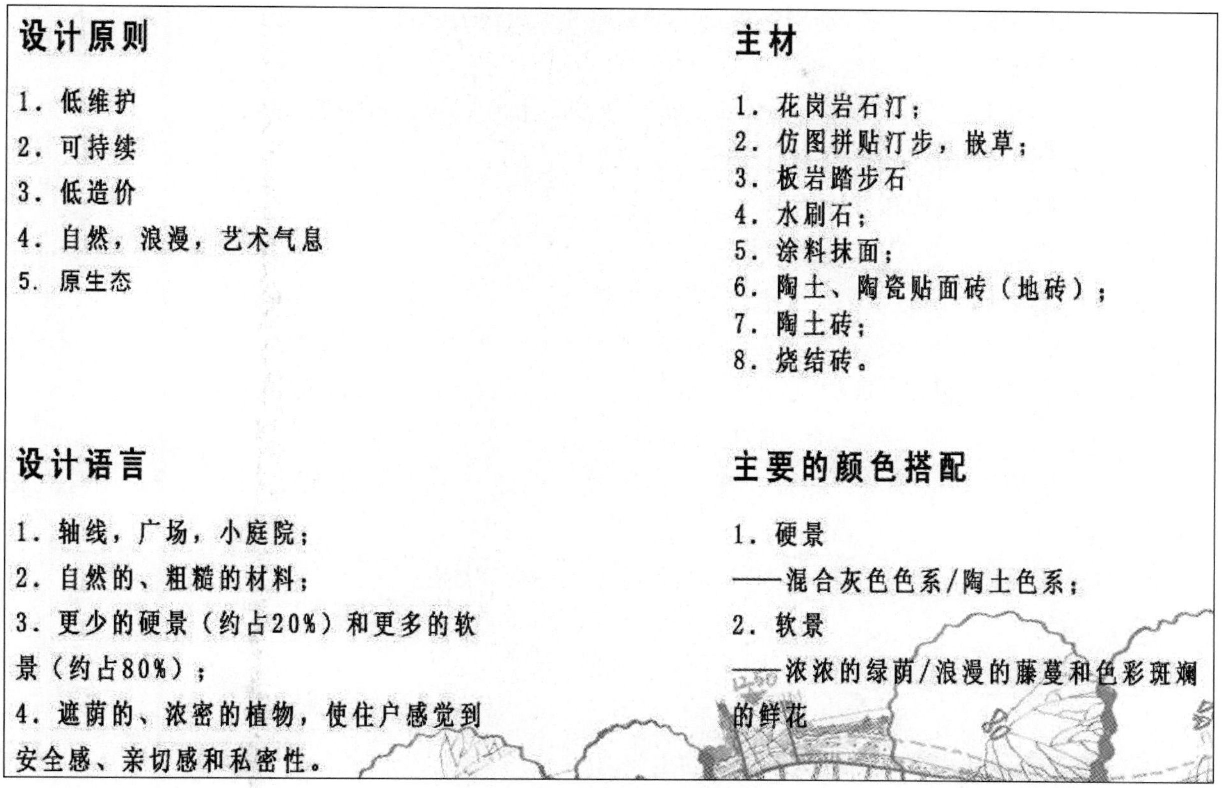

设计原则

1. 低维护
2. 可持续
3. 低造价
4. 自然，浪漫，艺术气息
5. 原生态

设计语言

1. 轴线，广场，小庭院；
2. 自然的、粗糙的材料；
3. 更少的硬景（约占20%）和更多的软景（约占80%）；
4. 遮荫的、浓密的植物，使住户感觉到安全感、亲切感和私密性。

主材

1. 花岗岩石汀；
2. 仿图拼贴汀步，嵌草；
3. 板岩踏步石
4. 水刷石；
5. 涂料抹面
6. 陶土、陶瓷贴面砖（地砖）；
7. 陶土砖；
8. 烧结砖。

主要的颜色搭配

1. 硬景
——混合灰色色系/陶土色系；
2. 软景
——浓浓的绿荫/浪漫的藤蔓和色彩斑斓的鲜花

图6-21 某小区扩初设计说明

注：初步设计文件应包括主要设备或材料表，主要设备或材料表可附在说明书中，或附在设计图纸中，或单独成册。

（2）初步设计文件的编排顺序

1）封面：写明项目名称、编制单位、编制年月。

2）扉页：写明编制单位法定代表人、技术总负责人、项目总负责人和各专业负责人的姓名，并经上述人员签署或授权盖章。

3）设计文件目录。

4）设计说明书。

5）设计图纸（可另单独成册）。

6）概算书（可另单独成册）。

初步设计文件编排时要注意以下三点：

1）对于规模较大、设计文件较多的项目，设计说明书和设计图纸可按专业成册；

2）另外单独成册的设计图纸应有图纸总封面和图纸目录；

3）各专业负责人的姓名和签署也可在本专业设计说明的首页上标明。

（3）设计总说明

工程设计的主要依据是：

1）设计中须贯彻的国家政策、法规；

2）政府有关主管部门批准的批文、可行性研究报告、立项书、方案文件等的文号或名称；

3）工程所在地区的气象、地理条件、建设场地的工程地质条件；

4）公用设施和交通运输条件；

5）规划、用地、环保、卫生、绿化、消防、人防、抗震等要求和依据资料；

6）建设单位提供的有关使用要求或生产工艺等资料。

（4）工程建设的规模和设计范围

1）工程的设计规模及项目组成。

2）分期建设（应说明近期、远期的工程）的情况。

3）承担的设计范围与分工。

（5）设计指导思想和设计特点

1）采用新技术、新材料、新设备和新结构的情况。

2）环境保护、防火安全、交通组织、用地分配、节能、安保、人防设置以及抗震设防等主要设计原则。

3）根据使用功能要求，对总体布局和选用标准的综合叙述。

（6）总指标

1）总用地面积、总建筑面积等指标。

2）其他相关技术经济指标。

（7）提请在设计审批时需解决或确定的主要问题

1）有关城市规划、红线、拆迁和水、电、蒸汽、燃料等能源供应的协作问题。

2）总建筑面积、总概算（投资）存在的问题。

3）设计选用标准方面的问题。

4）主要设计基础资料和施工条件落实情况等影响设计进度和设计文件批复时间的因素。

（8）总平面

1）在初步设计阶段，总平面专业的设计文件应包括设计说明书、设计图纸、根据合同约定的鸟瞰图或模型。

2）设计说明书。

3）设计依据及基础资料，包括：

① 摘述方案设计依据资料及批示中与本专业有关的主要内容。

② 有关主管部门对本工程批示的规划许可技术条件（道路红线、建筑红线或用地界线、建筑物控制高度、容积率、建筑密度、绿地率、停车泊位数等），以及对总平面布局、周围环境、空间处理、交通组织、环境保护、文物保护、分期建设等方面的特殊要求。

③ 本工程地形图所采用的坐标、高程系统。

④ 凡设计总说明中已阐述的内容可从略。

4）场地概述

① 说明场地所在地的名称及在城市中的位置（简述周围自然与人文环境、道路、市政基础设施与公共服务设施配套和供应情况，以及四邻原有和规划的重要建筑物与构筑物）。

② 概述场地地形地貌（如山丘，水域的位置、流向、水深，最高最低标高、总坡向、最大坡度和一般坡度等）。

③ 描述场地内原有建筑物、构筑物，以及保留（包括名木、古迹等）、拆除的情况。

④ 摘述与总平面设计有关的自然因素，如地震、湿陷性或胀缩性土、地裂缝、岩溶、滑坡与其他地质灾害。

5）总平面布置

① 说明如何因地制宜，根据地形、地质、日照、通风、防火、卫生、交通以及环境保护等要求布置建筑物、构筑物，使其满足使用功能、城市规划要求以及技术经济合理性；

② 说明功能分区原则、远近期结合的意图、发展用地的考虑。

③ 说明室外空间的组织及其与四周环境的关系。

④ 说明环境景观设计和绿地布置等。

6）竖向设计

① 说明竖向设计的依据（如城市道路和管道的标高、地形、排水、洪水位、土方平衡等情况）。

② 说明竖向布置方式（平被式或台阶式），地表雨水的排除方式（明沟或暗管）等；如采用明沟系统，还应阐述其排放地点的地形与高程等情况。

③ 根据需要注明初平土方工程量。

7）交通组织

① 说明人流和车流的组织，出入口、停车场（库）的布置及停车数量的确定。

② 消防车道及高层建筑消防扑救场地的布置。

③ 说明道路的主要设计技术条件（如主干道和次干道的路面宽度、路面类型、最大及最小纵坡等）。

8）主要技术经济指标表，包括：

① 总用地面积；

② 总建筑面积，地上、地下部分可分列；

③ 建筑基底总面积；

④ 道路广场总面积（hm^2）含停车场面积并应注明停车泊位数；

⑤ 绿地总面积（hm^2）可加注公共绿地面积；

⑥ 容积率；

⑦ 建筑密度；

⑧ 绿地率；

⑨ 小汽车停车泊位数辆室内、外应分列；

⑩ 自行车停放数量辆。

其中主要经济技术指标统计时要注意：① 当工程项目（如城市居住区）有相应的规划设计规范时，技术经济指标的内容应按其执行；② 计算容积率时，通常不包括 ±0.00 以下地下建筑面积；③ 提请在设计审批时解决或确定的主要问题。特别是涉及总平面设计中的指标和标准方面有待解决的问题，应阐述其情况及建议处理办法。

（9）设计图纸

1）区域位置图（根据需要绘制）。

2）总平面图

① 保留的地形和地物。

② 测量坐标网、坐标值，场地范围的测量坐标（或定位尺寸），道路红线、建筑红线或用地界线。

③ 场地四邻原有及规划道路的位置（主要坐标或定位尺寸）和主要建筑物及构筑物的位置、名称、层数、建筑间距。

④ 建筑物、构筑物的位置（人防工程、地下车库、油库、储水池等隐蔽工程用虚线表示），其中主要建筑物、构筑物应标注坐标（或定位尺寸）、名称（或编号）、层数。

⑤ 道路、广场的主要坐标（或定位尺寸），停车场及停车位、消防车道及高层建筑消防扑救场地的布置，必要时加绘交通流线示意。

⑥ 绿化、景观及休闲设施的布置示意。

⑦ 指北针或风玫瑰图。

⑧ 主要技术经济指标表（该表也可列于设计说明内）。

⑨ 说明栏内注写：尺寸单位、比例、地形图的测绘单位、日期，坐标及高程系统名称（如为场地建筑坐标网时，应说明其与测量坐标网的换算关系），补充图例及其他必要的说明等（见图6-22）。

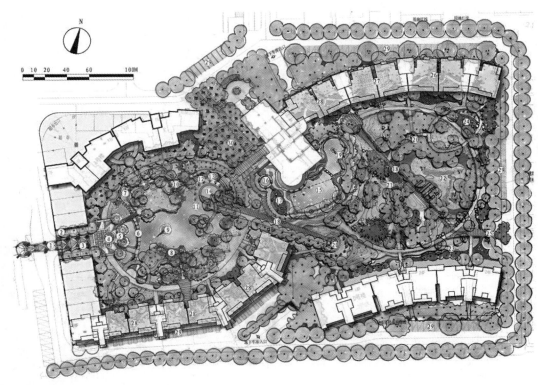

特色景点：

1. 主入口	7. 荷花池	13. 临水台阶	19. 弧形景墙	25. 次入口
2. 岗亭	8. 咖啡平台	14. 小舞台	20. 景亭	26. 儿童活动场
3. 入口大道	9. 高喷	15. 成人泳池	21. 散步道	27. 棋苑
4. 特色雕塑	10. 小瀑布	16. 按摩池	22. 微型高尔夫球场	28. 架空层花园
5. 观湖平台	11. 喷泉水景	17. 泳池平台	23. 小溪流	29. 生态停车场
6. 栈桥	12. 喷水景墙	18. 木廊道	24. 木平台	30. 树阵广场

总平面图

图6-22 某小区扩初总平面

3）竖向布置图

①场地范围的测量坐标值（或注尺寸）。

②场地四邻的道路、地面、水面及其关键性标高。

③保留的地形、地物。

④建筑物、构筑物的名称（或编号）、主要建筑物和构筑物的室内外设计标高。

⑤主要道路、广场的起点、变坡点、转折点和终点的设计标高，以及场地的控制性标高。（图6-23、图6-24）

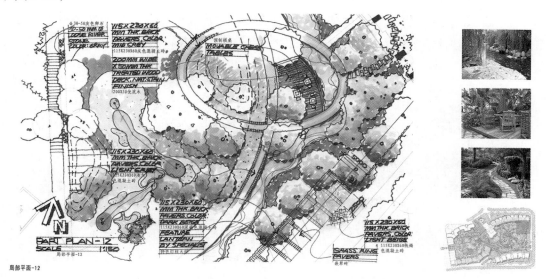

图6-23　某小区扩初设计局部平面

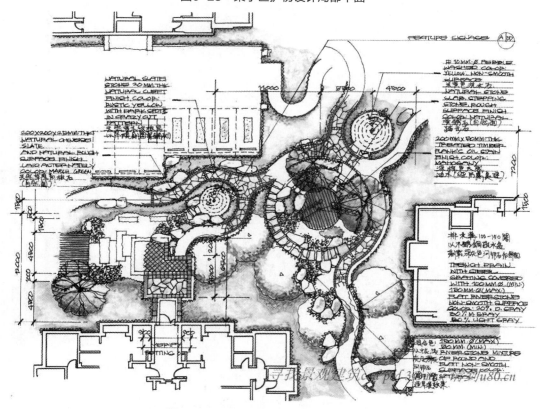

图6-24　某小区扩初设计楼间组团平面

⑥ 用箭头或等高线表示地面坡向，并表示出护坡、挡土墙、排水沟等。

⑦ 指北针。

⑧ 注明：尺寸单位、比例、补充图例。

⑨ 本图可视工程的具体情况与总平面图合并。

⑩ 根据需要利用竖向布置图绘制土方图及计算初平土方工程量。

4）园林建筑及小品尺寸图

① 初步设计阶段，建筑专业设计文件应包括设计说明书和设计图纸。

② 设计说明书：阐明设计依据及设计要求，摘述设计任务书和其他依据性资料中与建筑有关的主要内容；表述建筑防水等级及适用规范和技术标准。（图6-25、图6-26）

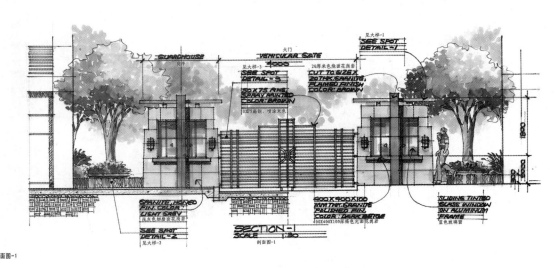

图6-25　某小区入口扩初设计

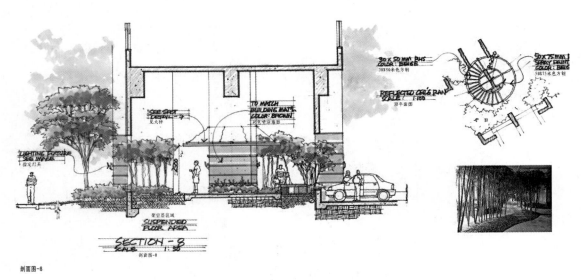

图6-26　某小区楼间节点扩初设计

6.2.6 居住区景观施工图设计

（1）施工图设计的内容与深度

1）施工总平面图。表明各种设计因素的平面关系和它们的准确位置；放线坐标网、基点、基线的位置。其作用之一是作为施工的依据，二是绘制平面施工图的依据。

施工总平面图图纸内容包括如下：

保留的现有地下管线（红色线表示）、建筑物、构筑物、主要现场树木等（用细线表示）。

设计的地形等高线（细墨虚线表示）、高程数数字、山石和水体（用粗墨线外加细线表示）、园林建筑和构筑物地位置（用黑线表示）、道路广场、园灯、园椅、果皮箱等（中粗黑线表示）放线坐标网。作出的工程需号、透视线等。

2）竖向设计图（高程图）。用以表明各设计因素间的高差关系。比如山峰、丘陵、盆地、缓坡、平地、河湖驳岸、池底等具体高程，各景区的排水方向、雨水汇集以及建筑、广场的具体高程等。

为满足排水坡度，一般绿地坡度不得小于5%，缓坡在8%~12%，陡坡在12%以上。图纸内容如下：

● 竖向设计平面图。根据初步设计之竖向设计，在施工总平面图的基础上表示出现状等高线、坡坎（用细红实线表示）；设计等高线、坡坎（用黑实线表示）、高程（用黑色数字表示），在同一地点的表示方法用△△/△△、（△△）通过红、黑线区分现状的还是设计的；涉及溪流河湖岸线、河底线及高程、排水方向（以黑色箭头表示），各景区园林建筑、休息广场的位置及高程；挖方填方范围等（填挖工程量注明）。

● 竖向剖面图。主要部位的坡势轮廓线（用黑粗实线表示）及高度、平面距（用黑细实线表）等。剖面地起迄点、剖切位置编号必须与竖向设计平面图上的符号一致。

3）道路广场设计图。道路广场设计图主要标明园内各种道路、广场的具体位置、宽度、高程、纵横坡度、排水方向，以及道路平曲线、纵曲线设计要素，以及路面结构、做法、路牙的安排，以及道路广场的交接、交叉口组织、不同等级道路连接、铺装大样、回车道、停车场等。图纸内容包括如下。

● 平面图。根据道路系统图，在施工总平面的基础上，用粗细不同的线条画出各种道路广场、台阶山路的位置，在转弯处，主要道路注明平曲线半径，每段的高程、纵坡坡向（用黑细箭头表示）等。

混凝土路面纵坡在0.3%~0.5%，横坡在1.5%~2.5%；圆石、拳石路纵坡在0.5%~9%，横坡在3%~4%；天然土路纵坡在0.5%~8%，横坡在3%~4%。

● 剖面图。剖面图比例一般为1：20。在画剖面图之前，先绘出一段路面（或广场）的平面大样图，表示路面的尺寸和材料铺设法。在其下面作剖面图，表示路面的宽度及具体材料的构造（面层、垫层、基层等候度、做法）。每个剖面的编号英语平面上对应。另外，还应该作路口交接示意图，用细黑实线画出坐标网，用粗黑实线画路边线，用中粗实线画出路面铺装材料及构造图案。

4）种植设计图（植物配置图）。种植设计图主要表现树木花草的种植位置、种类、种植方式、种植距离等。图纸内容如下：

● 种植设计平面图。根据树木种植设计，在施工总平面图的基础上，用设计图例绘出常绿阔叶乔木、落叶阔叶乔木、落叶针叶乔木、常绿针叶乔木、落叶灌木、常绿灌木、整形绿篱、自然形绿篱、花卉、草地、等具体位置和种类、数量、种植方式，株行距等如何搭配。同一幅图中树冠的表示不宜变化太多，花卉绿篱的图示也应该简明统一，针叶树可重点突出，保留的现状树与新栽的树应该加以区别。复层绿化时，用细线画大桥木树冠，用粗一些的线画冠下的花卉、树丛、花台等。树冠的尺寸大小应以成年树为标准。如大乔木5~6m，孤植树7~8m，小乔木3~5m，花灌木1~2m，绿篱宽0.5~1m，种名、数量可在树冠上注明，如果图纸比例小，不易注字，可用编号的形式，在图纸上要标明编号树种名、数量对照表。成行树要注上每两株树距离。

● 大样图。对于重点树群、树丛、林缘、绿立、花坛、花卉及专类园等，可附种植大样图。1：100的比例。要将群植和丛植的各种树木位置画准，注明种类数量，用细实线画出坐标网，注明树木间距，并作出立面图，以便作为施工参考。

5）水景设计图。水景设计图标明水体的平面位置、水体形状、深浅及工程做法。它包括如下内容：

● 平面位置图。依据竖向设计和施工总平面图，画出河、湖、溪、泉等水体及其附属物的平面位置。用细线画出坐标网，按水体形状画出各种水景的驳岸线、水池、山石、汀步、小桥等位置，并分段注明岸边及池底的设计标高。最后用粗线将岸边曲线画成近似折线作为湖岸的施工线，用粗实线加深山石的颜色等。

● 纵横剖面图。水体平面及高程有变化的地方要画出剖面图。通过这些图表示出水体的驳岸、池底、山石、汀步及岸边的处理关系。某些水景工程，还有进水口、以水口、泄水口大样图；池底、池安、泵房等工程做法图；水池循环管道平面图。水池管道平面图是在水池平面位置图基础上，用粗线将循环管道的走向、位置画出，并注明管径、每段长度，以及潜水泵型号、兵家尖端说明，确定所选管材及防护措施。

6）园林建筑设计图。园林建筑设计图表现各景区园林建筑的位置及建筑本身的组合、选用的建材、尺寸、造型、高低、色彩、做法等。如一个单体建筑，必须画出建筑施工图（建筑平面位置图、建筑各层平面图、屋顶平面图、各个方向立面图、剖面图、建筑节点详图、建筑说明等）、建筑结构施工图（基础平面图、楼层结构平面图、基础详图、构件线图等）、设备施工图，以及庭院的活动设施工程、装饰设计。

7）管线设计图。在管线设计的基础上，表现出上水（生活、消防、绿化、市政用水）、下水（雨水、污水）、暖气、煤气、电力、电信等各种管网的位置、规格、埋深等。

管线设计图内容包括：

● 平面图。平面图是在建筑、道路竖向设计与种植设计的基础上，表示管线及各种管井的具体位置、坐标，并注明每段管的长度、管景、高程以及如何接头等。原有干管用红实线或黑细实线表示，新设计的管线及检查井则用不同符号的黑色粗实线表示。

● 剖面图。画出各号检查井，从黑粗实线表示井内管线及截门等交接情况。

8）假山、雕塑等小品设计图。小品设计图必须先做出山石等施工模型，以便施工是掌握设计意图。参照施工总平面图及竖向设计画出山石平面图、立面图、剖面图，注明高度及要求。

9）电气设计图。在电气初步设计的基础上标明园林用电设备、灯具等的位置及电缆走向等。

（2）居住区施工图计算机辅助设计

1）拿到扩初图后要做的准备。打印出总平面图，了解设计师的设计意图，整体布局和各节点代表什么东西。标出各节点名称、主次干道、园路、消防道、各景点的设计理念/由。相同的节点在其名称中编入标号（景墙1，景墙3…），分析尺寸是否合理。打印一张总平面图，写上铺装标号和标记，为铺装意向图，为CAD绘制总平面图铺装做准备，节点、图库等资料的寻找和总结，考虑各节点、小品的体量是否合理。

2）作参照底图。参照图一般保留建筑施工图一层总平面图、文字说明（商店……）、楼号、楼层数、管网、竖向、红线、地下车库范围线。明确原始资料哪些已经做完，哪些还没做，哪些方案设计没注意到等。

观察原始资料经济技术指标还有无偏差（这个在方案阶段就该注意了）包括：

① 道路系统是否合理，消防道首先要闭合，单车道宽4m，双车道宽6m，消防车转弯半径12m，小车转弯半径6m（也有消防车9m，小车6m之说，各地的规范稍有差异），回车场15m×15m（有些城市是18m×18m），尽端式道路超过40m要设置回车场。

② 登高面（施救面、扑救面），着火时消防车开进来时用的，一般在建筑出入口一侧，建筑往外5m内的植物不得超过4m，5m到12m内不得有超过0.8m的植物，而且是软质植物，车可以碾过去的。

③ 构筑物要把底层平面放进去，屋顶面用虚线。

④ 网格图和坐标图的放样基准点、基准轴先移动到（0，0）点。而后对齐。

⑤ 抓出比例，添加文字。

3）竖向设计图

标高控制点放样依据，必须明确标识出，且其位置必须在整个施工过程中较为固定的点，如固定的建/构筑物上。

4）总平面图尺寸

① 排水坡度，道路中心与两边的坡度。

② 尺寸标注与小品界线必须保持距离，以免打印出来后二者混淆。

③ 尺寸标注的线形建议采用最细线等在打印出的图纸上容易区别的线宽。

④ 尺寸不是越多越好，要不现场不知道从哪儿开始放样。

⑤ 尺寸图要给放样基准点。

5）分段索引

① 索引时要将索引框内的东西都"抠"出来。

② 即使有标准断面图，也得在索引中标明"详见××"（如台阶）。

6）网格放样图

① 作为放样依据的平面控制点必须明确标识出，且其位置必须在整个施工过程中较外固定（且无障碍）的点，如固定的建/构筑物上。

② 总平放样与局部放样的放样线，数字，线条粗细必须统一。

③ 大尺寸处（10m，15m等大单位）线条必须加粗，且其旁要标注数据。

④ 放样图名称下要注：网格间距为××。

⑤ 小广场网格放养图也要有基准点，即使为相对基准点。

⑥ 绿化或水电所用到的网格必须与土建完全相同。

7）总平面坐标图

①应明确标出各中心、圆心、角点、交叉点的坐标。

②弧线放样：标出弧线起始点，中间任意一点的坐标，以便放塑料管按照平面三点确定一条弧的原理放样。

③局部的平面图若要求弧线等较难根据网格放样图精确放样的部分，则用坐标图辅助。

④局部区域若线条较为复杂，除辅以更细微的网格图外，亦可辅助局部坐标图。

⑤园路、广场等拐角处必须给坐标。

⑥绿化或水电所用到的坐标体系必须与土建完全相同。

⑦CAD将图的基准点和基准轴移动到（0，0）点，记得用静态标注，否则标注一旦移动，数据就会发生变化。

8）平面铺装图

①CAD填充图案必须与现场做法一样，注意规格、表面、角度。

②大面积拼花广场铺装，应有具体规格、尺寸、角度、厚度、表面及铺装的放样，这对于购置材料的数量、与施工时的准确性较为关键。

③大面积拼花广场的沉降缝须标示处，既考虑功能，又考虑与拼花结合的美观。

④大面积铺装图上均须标明横向找坡、排水（消防道中线标高与边缘标高须不同）。

⑤道路铺装，每隔5m设一沉降缝，可用与铺装不同的材料包缝边。

⑥洗米石路面每隔4~6m须设一铜线。

⑦人行路面铺装厚度可为20cm，车行道铺装厚度可为30cm，压边厚度30~50cm，透水砖厚度50~60cm，规格100cm×200cm，红色，黄色，灰色。

⑧不同材料之间必须有包边分隔，包边颜色须比道路铺装颜色深。节点立面和剖面空间上大的亮点要给立面图，除了图纸上的需要，也在施工图中体现方案的一些亮点。如何确定一个图的比例，能看得清楚就行，这个需要多画，就有经验了。或者先标个尺寸看看。绘图顺序：线条（平立剖先画），尺寸标注，文字标注，（关闭标注）填充，配景。

9）收集标准图

①道路结构:包括人行、车行、沉降缝、伸缩缝做法等。

②台阶构造、尺寸、饰面最好都一样，方便施工。

10）确定标高。同一套图纸中只能有一个标高标准（相对标高还是绝对标高）。如要混用，则用下面解决方式：标上相对标高，然后旁边有个括号，里面标出绝对标高，确定标高时要注意下面几点：

①须在设计说明中说明：为了可明确看出节点立面的长度，不影响标高的放样，立面中使用原始标高和相对标高，括号内为绝对标高。

②完成面与垫层的标高必须区分清楚。这样的错误特别容易出现在踏步上。

③排水坡度要标识。

④树池与花池断面构造不可影响植物生长（尺寸），节点的垫层要和道路的垫层相结合。

⑤要求高度精确的高差处，要精确标出各个层面的高度。

⑥完成面标高FL，水面标高WL，水底标高BL。

⑦ 景观立面图的背面要表明，特别在侧面图和剖面图体现。

11）制图美观

① 平行且距离不大的两条线（同一物质）必须一粗一细。

② 多行文字标准要展开，文字标注与尺寸标注各自展开些。

③ 整张图中，索引的线必须全部平行。

④ 字体若打印出来太小，可调大些（1：3.6），文字标注必须在图外；另外，图纸的编号用6号字。

⑤ 尺寸标注线用最细的，其上的数字（还有文字标注）采用白色字体。

⑥ 同一排/列的尺寸标注，较大的尺寸标注在最外头。

⑦ 网格放样图中的字体和原点可相对与同比例的图里的字体放大。

⑧ 同一张图中的标注必须全部统一（图在白皮笔记本中）。

⑨ 一个设计里，若水流经过的组团大于等于五个，则必须为水流界限单独画一张网格放样CAD制图。

12）制图技巧

① 相对于比例设置字高和标注样式。字高和制图比例的比例为1：3。

② 同一张图纸中若有不同比例的图，则按照最大的图的比例，将其余比例的图先制成块，然后sc放大到与其相同的比例下。放大倍数为"最大图的比例a除以此图的比例b"命令栏中输入a/b。

③ 水流、喷泉的示意：用pl先画上一"团"，然后将其线型改为"点线dot…"，则有喷水的效果。如何提高速度你可以这样：先绘制好一些通用的施工图范图，以后再需要画同样类型的图纸的时候，直接调用就可以了。

④ 总结绘图技巧，多找一些对你工作实用的小程序，以后就事半功倍了。

13）要思考的几个问题

① 方案到施工图或扩初到施工图之间该注意什么？

② 现场勘察、与甲方沟通及所要的原始资料；

③ 如何与水电设计师、植栽设计师协调；

④ 施工图设计说明、总平、节点图的作用说明、设计制图顺序；

⑤ 以上各张图所该注意的细节问题及CAD制图过程要注意的事项；

⑥ 施工图设计经常遇到的令人想抓狂的事情——赶图，或者老板需要所有人都会一点，一套图需要好几个人同时进行，怎么办？

⑦ 材料介绍，各材料之间的衔接等；

⑧ 铺装图前介绍材料，石材表面如何处理，价格？

项目案例分析

——典型案例

1. 驻马店十里画廊小区景观设计（图6-27至图6-33）

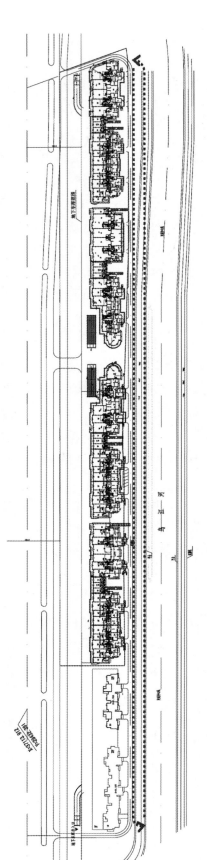

图6-27　驻马店十里画廊小区现状分析

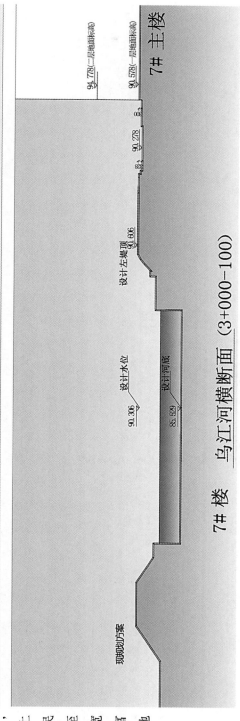

带状滨河绿地：

东西长750米，南北宽22米。

优势：珍贵的滨水资源，丰富的竖向变化；

劣势：绿地过窄，同时要承担居民出人、消防等交通功能及防洪功能。

解决方案：

充分利用水景资源，建造滨水节点，包括岸上节点和水上节点，将居民的活动范围由陆地扩展至水上，隐性拓展地块宽度，利用地形，创造丰富的竖向景观。利用自然地形解决防洪要求。

图6-28 十里画廊现状分析（断面）

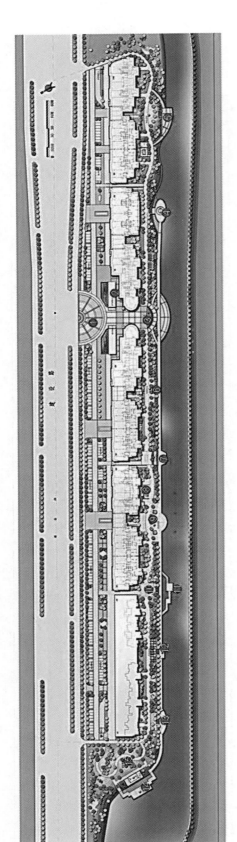

图6-29 十里画廊总平面

平顶山十里长廊景观设计平面图

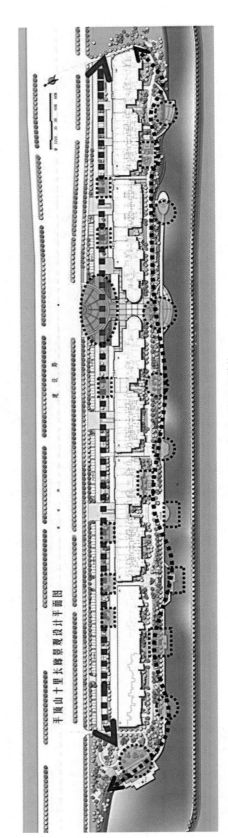

图6-30 十里画廊景观结构

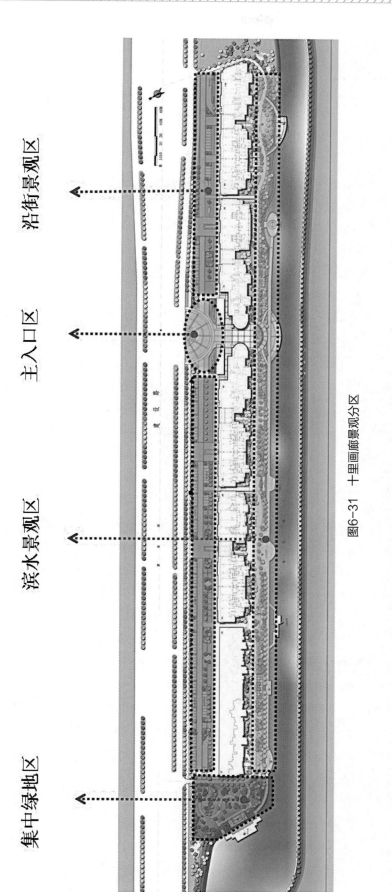

沿街景观区　　主入口区　　滨水景观区　　集中绿地区

图6-31　十里画廊景观分区

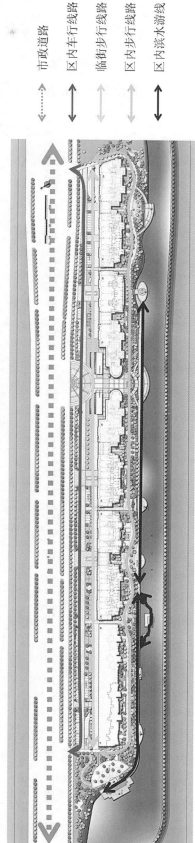

市政道路
区内车行线路
临街步行线路
区内步行线路
区内滨水游线

图6-32　十里画廊交通组织

图6-33 十里画廊总体鸟瞰

2. 焦作安嘉小区景观设计（图6-34、图6-35）

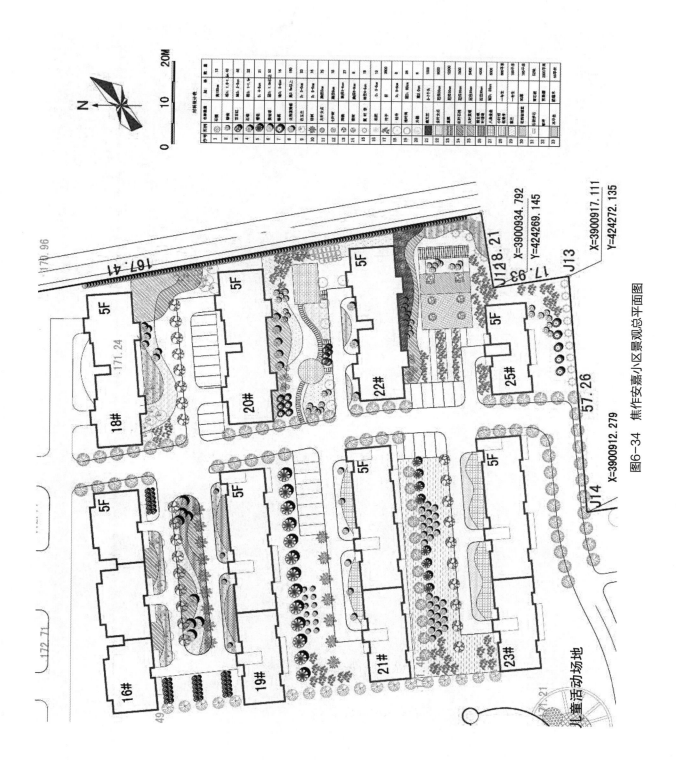

图6-34 焦作安嘉小区景观总平面图

图6-35　焦作安嘉小区景观鸟瞰图

3. 郑州市望湖人家小区景观设计（图6-36、图6-37）

图6-36　郑州市望湖人家小区景观设计总体鸟瞰

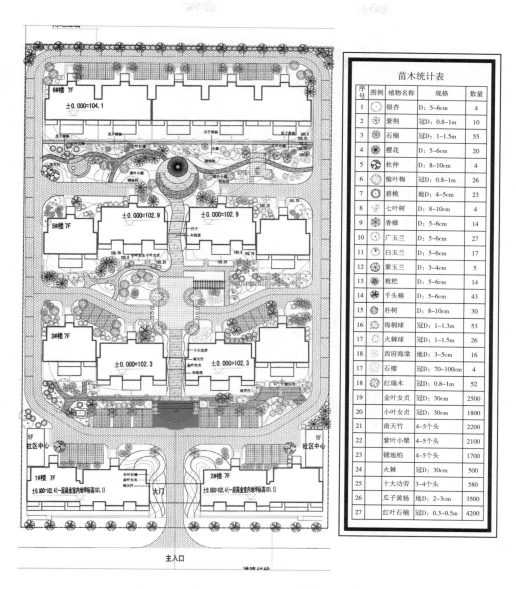

苗木统计表			
序号	图例	植物名称	规格	数量
1		银杏	D: 5~6cm	4
2		紫荆	冠D: 0.8~1m	10
3		石楠	冠D: 1~1.5m	55
4		樱花	D: 5~6cm	20
5		杜仲	D: 8~10cm	4
6		榆叶梅	冠D: 0.8~1m	26
7		碧桃	地D: 4~5cm	23
8		七叶树	D: 8~10cm	4
9		香樟	D: 5~6cm	14
10		广玉兰	D: 5~6cm	27
11		白玉兰	D: 5~6cm	17
12		紫玉兰	D: 3~4cm	5
13		枇杷	D: 5~6cm	14
14		千头椿	D: 5~6cm	43
15		朴树	D: 8~10cm	30
16		海桐球	冠D: 1~1.3m	53
17		火棘球	冠D: 1~1.5m	26
18		西府海棠	地D: 3~5cm	16
17		石榴	冠D: 70~100cm	4
18		红瑞木	冠D: 0.8~1m	52
19		金叶女贞	冠D: 30cm	2500
20		小叶女贞	冠D: 30cm	1800
21		南天竹	4~5个头	2200
22		紫叶小檗	4~5个头	2100
23		铺地柏	4~5个头	1700
24		火棘	冠D: 30cm	500
25		十大功劳	3~4个头	580
26		瓜子黄杨	地D: 2~3cm	3500
27		红叶石楠	冠D: 0.3~0.5m	4200

图6-37 郑州市望湖人家小区景观设计总平面

学生作品：居住区公园景观设计

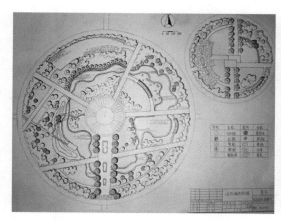

园设09 贺丹

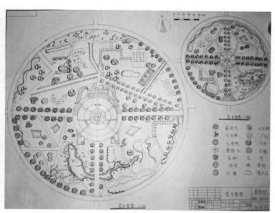

园设09 李艳玲

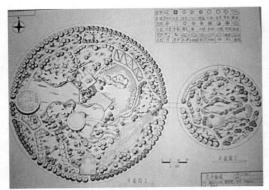

园设09　张艳艳

园设09　李安伦

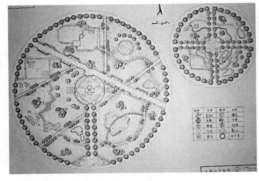

园设09　张亚亚

园设09　张庆庆

项目训练

——项目任务

河南职业技术学院专家公寓景观设计（规划图如下）

——项目设计过程

设计实例和工程实例解读—设计项目综合分析—设计定位—设计形式确定—草图—修改—方案定稿—成套方案设计。

——项目设计要求

手绘或电脑作图；设计成果有设计说明、平面图、分析图、局部小景图、立面图、剖面图、主要景观小品详图。

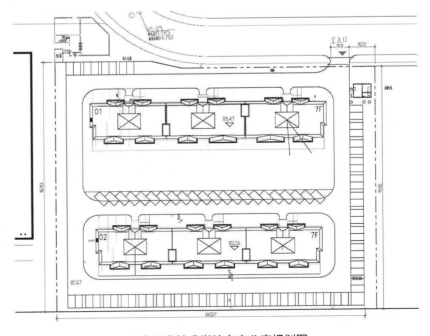

河南职业技术学院专家公寓规划图

项目 **7** 校园附属绿地景观设计

项目内容 本单元要求学生了解高校绿地的特点、分区和功能，掌握高校绿地各部分的设计要求、常用形式和设计要点。

高等院校由于性质、规模、类型不同，总平面布局的差别很大，即使同一性质的学校，在规模上有大、中、小之分，在位置上有市区、郊区之分，也有地形不同之分。

无论学校的性质、规模有何变化，在建筑方面每所学校都必须配备以下十三项校舍：教室、图书馆、实验实习场所及附属用房、风雨操场、校行政用房、系行政用房、会堂、学生宿舍、学生食堂、教工住宅、教工宿舍、教工食堂、生活福利及其他附属用房。将这些建筑按使用功能进行划分，则可将学校的平面结构划分为学校入口区、行政办公区、教学科研区、学生生活区四大区域。

高等院校的园林绿地景观表现出更为灵活的"有法无式"特点，说其"无式"是指学校绿化景观因学校不同而不同，因位置不同而不同，其最终的景观效果，也就是景观表现的"式"是不定的、多样的。说其"有法"是指学校园林绿化景观具有很多共同之处，即组成高等院校园林绿地景观的要素是统一的，这些要素是地形（包括水体）、植物、建筑、道路、园林小品五个方面。

高等院校园林绿化景观规划设计工作就是在高等院校的用地范围内进行园林布局。园林绿化景观设计要在研究分析院校用地情况及建筑布局情况后，根据学校的性质、规模、建筑布局、地形等特点，进行全园的总体布局。不同性质、不同功能要求的学校，都有着各自不同的布局特点，不同的布局形式反过来反映不同的思想，所以高等学校的园林布局或者说高等学校的园林总体设计也是一个园林艺术的构思过程，是园林的内容与形式的统一的创作过程。

7.1 校园绿地景观的组成

高等院校园林绿地景观的组成从要素上看包括：地形（水体）、建筑、植物、道路、小品等内容，从功能与位置上划分则可主要分为学校入口区、行政办公区、教学科研区和学生生活区四个大的较为突出的区域。园林绿化景观因功能与位置不同而有所偏重。

7.1.1　学校入口

学校入口区是学校向外展示自我的关键场所之一，在某种程度上讲入口区域通常成为对外宣传的标示，所以学校入口的设计尤为重要。学校入口区的景观要素通常包括：大门、广场、主题雕塑、植物、道路灯光及亮化等内容。

7.1.2　行政办公区

行政办公区主要包括校行政用房区域、院系行政用房区域、会堂区域等，主要是满足学校及院系的行政办公功能。行政办公区是对外接待、展现礼仪的重要场所和区域之一。

此区域的园林景观要素包括：行政办公建筑的外部空间、停车场（机动车、非机动车），小型集散场地、植物景观、雕塑及灯光亮化等内容。此区域一般要求要体现出端庄、典雅大方等特点。

7.1.3　教学科研区

教学科研区占据了学校大部分面积，是学校的核心组成部分，在学校用地范围内分布较广，并多按院系及专业进行分布。教学科研区内的建筑类型主要有：教室、图书馆、实验实习场所及附属用房等。这个区域的景观重点是突出"静"字，同时这个区域是学生在短时间内大量汇集的场所，学生在此场所集散时要安全、方便、快捷，硬质铺装与道路系统必须符合相关设计规范与标准，在设计时要准确把握"量"，以满足学生短时间内的集散所需。

图书馆周边是一个需要特殊处理的区域，这个区域常作为学校重点景观规划及建设区域。这个区域是学校的文化景观重心所在，要以多种要素烘托文化重心。

7.1.4　学生生活区

学生生活区在学校的总体布局中相对集中，此区域的特点是人流量、非机动车流量最大，且相互交织。交通组织的优化处理是本区域的重点任务。

学生生活区的主要建筑包括：学生宿舍、学生食堂、教工食堂、生活福利及其他附属用房、风雨操场等。

7.2　校园景观设计通用规则及相关技术规定

7.2.1　学校出入口宽度及位置的确定

学校出入口总宽度以学校容纳总人数（包括学生、教职工、夜大生等）为计算依据，其宽度下限为15m/万人。

学校的校门不宜开向城镇干道或机动车流量每小时超过300辆的道路。校门外应留出一定缓冲距离。

学校主要道路至少应有两个出入口；学校主要道路至少应有两个方向与外围道路相连。

学校内道路与城市道路相接时，其交角不宜小于75°；当学校内道路坡度较大时，应设缓冲段与城市道路相接。

学校出入口距主干道交叉口的距离，自道路红线交点量起不应小于70m；距非道路交叉口的过街人行道（包括引道、引桥和地铁出入口）最边缘线不应小于5m；距公共交通站台边缘不应小于10m；距公园、儿童及残疾人等建筑的出入口不应小于20m；与立体交叉口的距离或其他特殊情况时，应按当地规划主管部门的规定办理。

7.2.2 建筑物前集散场地设计

图书馆、教学楼、宿舍等建筑物前的集散场地，应按此建筑所容纳的学生数量为计算依据，每学生应占有硬质地面0.2m²，大型、综合型建筑前的集散场地除应满足此要求外，且深度不应小于10m。

7.2.3 竖向设计

竖向设计应根据平面布置、地形、土方工程、地下管线、主要建筑物标高、周围道路标高与排水要求等进行，并考虑整体布置的美观。

排水应考虑场地地形的坡向、面积大小、相连接道路的排水设施，采用单向或多向排水。

场地的设计坡度，平原地区应小于或等于1%，最小为0.3%；丘陵和山区应小于或等于3%。地形困难时，可建成阶梯式场地。与广场相连接的道路纵坡度以0.5%~2%为宜。困难时最大纵坡度不应大于7%，积雪及寒冷地区不应大于6%，但在出入口处应设置纵坡度小于或等于2%的缓坡段。

7.2.4 雨水口设计

道路汇水点、人行横道上游、沿街单位出入口上游等处均应设置雨水口。道路低洼和易积水地段应根据需要适当增加雨水口。

雨水口型式有平箅式、立式和联合式等。

平箅式雨水口有缘石平箅式和地面平箅式。缘石平箅式雨水口适用于有缘石的道路。地面平箅式适用于无缘石的路面、广场、地面低洼聚水处等。

立式雨水口有立孔式和立箅式，适用于有缘石的道路。其中立孔式适用于箅隙容易被杂物堵塞的地方。

联合式雨水口是平箅与立式的综合形式，适用于路面较宽、有缘石、径流量较集中且有杂物处。

7.2.5 道路宽度设计

主要道路（环路）面宽6~9m，建筑控制线之间的宽度，需敷设供热管线的不宜小于14m；无供热管线的不宜小于10m。

次要道路路面宽3~5m；建筑控制线之间的宽度，需敷设供热管线的不宜小于10m；无供热管线的不宜小于8m。

小路路面宽不宜小于2.5m。

7.2.6　道路坡度设计

主路纵坡宜小于8%，横坡宜小于3%，粒料路面横坡宜小于4%，纵、横坡不得同时无坡度。支路和小路，纵坡宜小于18%。纵坡超过15%的路段，路面应做防滑处理；纵坡超过18%，宜按台阶、梯道设计，台阶踏步数不得少于2级，经常通行机动车的园路宽度应大于4m，转弯半径不得小于12m。

道路坡度及最大坡度下的长度限制：机动车行车道设计的最小纵坡不小于0.2%，最大坡度不大于8%，且在8%的最大纵坡下，最大坡长不大于60m。

自行车行车道最大纵坡与长度限制情况为：坡度大于3.5%时，最长坡度不大于150m，坡度在3.0%~3.5%时，最长坡度不大于200m，坡度在2.5%~3.0%时，最长坡度不大于300m。

7.2.7　园林景观路设计

园林景观路绿地率不得小于40%。

行道树定植株距，应以其树种壮年期冠幅为准，最小种植株距应为4m。行道树树干中心至路缘石外侧最小距离宜为0.75m。

在道路交叉口视距三角形范围内，行道树绿带应采用通透式配置。

7.3　学校园林绿地景观特点

学校园林绿地景观作为园林的一个重要组成部分，除拥有园林景观特点之外，还拥有自身的景观特点，一般表现在以下几个方面。

7.3.1　学校园林绿地景观的功能特点

学校园林绿地景观的功能是营造良好的学习生活空间景观，其服务对象相对单一，主要是学生和教职工，因此学校的园林绿地景观可以看作可以"静止"欣赏的景观。学生在校的生活空间，包括学校教职工的生活空间相对固定，学生在校的生活时间相对较长，另外大学生已具备自我鉴赏能力，对事物有着独到的见解。大学的园林景观作为使用者的使用对象，给使用者提供了广阔的思考空间。大学校园的园林绿地景观如同一幅幅画展现在具有不同爱好、不同专业、不同理想、不同见解的使用者面前，每个使用者都会用很长的时间去鉴赏这幅作品，并从中得出不同的感悟。

学校的园林景观为师生提供学习交流的场所，著名设计师路易斯康的学校建筑理念认为，学校是两个人坐在大树下面交流思想。通过校园内一些景点的设计来借景激情，如图7-1所示，是某大学"点石成金"广场上取意于冷凝管做成的花架，远处是新型景亭，这些景亭的形象取自于化学试验中常用到的锥形瓶，看到这些带有明显知识痕迹的小品，让学生很自然地知道这个区域是以化学等理科内容作为主要教学内容的；又如图7-2所示，是某大学理科教学区主体雕塑，其形象取自于钢铁铸造过程中模型浇注的一个瞬间场景，用此主体雕塑强化理科教学区的特点；如看到中国科技大学草地上的华罗庚像，就会使同学们想到他的名言："聪明在于勤奋，天才在于积累"，从而激发起人们的学习热情。

图7-1 某大学"点石成金"广场

图7-2 某大学理科教学区主体雕塑

7.3.2 学校园林绿地景观的人文特点

学校园林绿地景观的人文特点是其另一个独特之处。"君子比德",自孔子"杏坛设教",开平民教育先河以来,中国的教育就讲究"仁、义、礼、智、信"的道德教育,现在的高等学校教育,更是一个既传授知识又培养学生高尚情操的场所。

图7-3是某大学"墨石印心"主体文化区,此处采用古印刷术制版的形式来宣传"仁、义、礼、智、信"的道德教育内容,在平板上刻上名言,旁边的印块上阳刻"仁、义、礼、智、信"等字,这些字在平板上都有相应的位置,通过学生对平板内容的读与理解,试图将这些独立的字"放"入平板的相应位置的过程,通过潜移默化的方式对学生进行道德教育。

图7-3 某大学"墨石印心"主体文化区

校园景观设计在人文特点方面应强化道德文化氛围的营造，如通过一些历史事件、名人名言等来传播我国的传统美德，弘扬民族文化，让大学生在校园景观中感受和感悟到高尚情操的可贵。

7.3.3　学校园林绿地景观的其他特点

随着社会的发展与大学本身的发展，校园的景观也在逐步发生着微妙的变化，这也是大学校园景观有别于其他园林景观的另一个因素。随着社会的发展，校园景观将融入城市整体景观中的具有多种性质和功能的空间，高校中的文化、艺术、体育设施不仅仅属于学校本身，也是城市建设发展的重要资源。学校这个原来相对独立的空间与景观将会演变为开放的、共享的社会景观空间的一部分，并且由于学校具有相对稳定的发展道路、相对稳定的发展趋势，学校的历史、人文等会在某个城市长久延存，学校景观将逐渐发展成为城市景观中的一个个亮点，成为城市不可或缺的一部分。

7.4　学校园林绿地景观设计原则

"适用、经济、美观"是园林设计必须遵守的基本原则。园林设计工作的特点是有较强综合性的，所以，要做到适用、经济、美观三者的辩证统一。三者的关系是相互依存、不可分割的，在具体设计中，应结合实际情况，按不同性质、不同类型、不同环境的差异，彼此之间应有所侧重。

一般情况下，园林设计首先要考虑"适用"这个问题。所谓"适用"，一是指设计要因地制宜，二是指设计的园林功能要适合于使用者使用。适用的观点是永恒的和长久的。

在考虑是否适用的前提下，考虑"经济"问题。这里的"经济"不是指全面大幅度地减少开支（投资），而是要通过合理的设计减少一切不必要的开支（投资），这是对设计工作者的又一大考验。园林设计工作者不能信马由缰、随意设计，而是要密切结合实际，从实地的景观资源出发，充分利用实地竖向条件，合理组织景点布设、道路交通系统、合理布设供水、排水、供电等功能设施，巧妙运用园林的五大要素，因地制宜地设计出适用性强、地域性强、文化性强、感染力强的园林景观作品。

在适用性、经济性的前提下，还要尽可能做到美观，即要满足园林布局、造景的艺术需求。

7.4.1　以人为本的原则

任何景观都是为人而设计的，但人的需求并非完全是对美的享受，真正的以人为本首先应当满足人作为使用者的最根本的需求，植物景观设计亦是如此。设计者必须掌握人们的生活和行为的普遍规律，使设计能够真正满足人的行为感受和需求，即必须实现其为人服务的基本功能。但是，有些决策者为了标新立异，把大众的生活需求放在一边，植物景观设计缺少了对人的关怀，走上了以我为本的歧途。如禁止入内的大草坪、地毯式的模纹广场，烈日暴晒，缺乏私密空间，人们只能望"园"兴叹。

图7-4是上海东华大学校园内一处景观，以大草坪为主，夏日暴晒严重，没有私密空间，同时，使建筑显得过于突兀。图7-5是英国曼彻斯特学校一角的景观，除草坪外，种植了较多的大乔木，通过树形与建筑的对比，以及灌木与乔木等的相互配合，将小路开辟在草坪内，拉近了人与景观的距离与关系，同时也解决了夏季遮阴及对建筑进行美化，使画面充满了和谐之美。

图7-4　上海东华大学一角　　　　　　　　图7-5　英国曼彻斯特学校一角

因此，植物景观的创造必须符合人的心理、生理、感性和理性需求，把服务和有益于"人"的健康和舒适作为植物景观设计的根本，体现以人为本，满足居民"人性回归"的渴望，力求创造环境宜人、景色引人、为人所用、尺度适宜、亲切近人，达到人景交融的亲情环境。

7.4.2　艺术性原则

完美的植物景观必须具备科学性与艺术性两个方面的高度统一，既满足植物与环境在生态适应上的统一，又要通过艺术构图原理体现出植物个体及群体的形式美，以及人们欣赏时所产生的意境美。植物景观中艺术性的创造是极为细腻复杂的，需要巧妙地利用植物的形体、线条、色彩和质地进行构图，并通过植物的季相变化来创造瑰丽的景观，表现其独特的艺术魅力。

图7-6和图7-7是武汉大学局部的校园景观，在造景时，巧妙利用樱花等植物与水系、古建的宝顶等合理结合，通过樱花的形体、色彩等进行构图，并通过植物的季相变化来创造瑰丽的景观，表现了独特的艺术魅力。

图7-6　武汉大学局部1

图7-7　武汉大学局部2

7.4.3　功能性原则

功能性原则是学校园林绿地景观系统与其他园林绿地景观区别最大的标识之一。功能的需求是园林景观的刚性需求，满足功能要求是园林景观设计的最重要任务之一。不同类型的园林有着不同的功能需求，究其原因是因为不同类型的园林其服务对象不同。不同的使用对象，其群体行为特点存在巨大的差异，不同的行为特点势必要求有与之相适应的不同的处理方式。

学校园林景观的服务对象是学生与教职工，这个群体的行为特点是在短时间内要完成集与散的行为，在长时间内要停留在园林景观环境中。结合这种行为特点，要求进行园林景观设计时，根据不同地段的不同使用性质，做好不同地段或硬质景观，或绿地景观，或夜景景观的设计工作，从而体现出其强有力的功能性特点。

7.4.4　生态性原则

为了维持景观的可持续发展，在景观维护中尽可能少地投入维护资金，充分利用"生态"概念进行景观设计。

所谓生态，实际上就是一个有机的完整的生态圈或生物体系。在这个体系内，不仅有植物，还应有相应的动物；不仅有宏观的人眼所能看到的生物，还应有微观的上眼看不到的生物，如细菌等。所以作为一个生态体系，就要为形形色色的生物提供生存生活空间，仅有乔木类植物固然能为鸟类提供憩息的场所，但却不能为其提供充足的食物来源，其原因是植物层的断裂使生态链发生了断裂。增加中层及下层植物群落可以修复这个断了的生态链，合理的密植物可为更多的生物提供更好的生活环境。

植物与动物、植物与植物、动物与动物之间都存在互生及竞争的生态关系，规划设计则更多地从生物的互生关系入手，对自然景观进行调节，使损失殆尽的生物群落能在一定的时期内通过自身修复调节恢复到原有的健康状态。

通过"生态"设计，使绿地景观成为一个微型生态系统，使其有一定的自给能力，从而在投入最小的情况下达到最好的景观效果的目的。

7.4.5　安全性原则

随着社会及城市的发展，城市用地越来越紧张，城市人口越来越集中，极端天气及地质性灾害带来的后果也越来越严重，城市防灾避难场所成为城市布局中不可或缺的一个重要因子。一般的公园等绿地在城市规划时，都作为防灾避难场所进行规划，而大学校园因其建筑容积率相对较低，加之大学校园不断对外开放，成为城市景观的一个重要组成部分，校园绿地景观在某种程度上也成为城市防灾避难的场所之一，因此它还具有社会安全功能。在对学校进行景观设计时，要充分考虑到其安全性原则。

7.5　校园园林绿地景观分区设计

本节通过对学校不同区域景观进行设计描述，以说明学校绿地景观园林设计工作方法与注意事项。

7.5.1　学校入口景观设计

通常学校入口在景观设计时要求要规整、大气、开阔、庄重、开敞。首先满足入口的功能性要求，其次是实现入口景观的"美观"效果。

学校大门的位置、形状、结构、出入口的大小及分布方式等一般在学校总体规划时就已确定，通常园林设计工作者的工作是对大门构筑物之外的地块进行美化、亮化及功能配套设计工作。

（1）功能方面

依据学校入口的位置与大小确定入口区域校门内外集散场地的大小、位置及布局方式，确保上学及下学高峰期时学生、教职工能方便通行。学校入口大门内外硬质铺装场地大小应以每个学生占有硬质地面0.2m²来计算，并确定硬质铺装场地的大小，出入口宽度不小于15m/万人。

依据人流量、车流量、非机动车流量等状况分析，确定入口区域的道路及交通布局，依据城市发展的实际情况，入口区域宜实行人车分流的方式组织交通，特别在大门口内广场更要有明确的人车分流标示与系统。

依据学校大门设计的交通功能条件确定入口区域交通道路的设计方式，或采用有人行道、慢车道式，或仅采用慢车道（无人行道）式，或采用上下行合用的单出入方式，或采用上下行分开的双出入方式。

依据学校入口区域各建筑物、构筑物室内地坪高程，结合现状地势，确定入口区域总体竖向设计参数与指标（研究地表水径流流向与汇集情况，确定排水方向与坡度，在满足地表排水的功能情况下，确保竖向施工工程实现投资最小化）。

依据入口区域大小及布局方式，确定景观照明等功能性指针。

（2）美观方面

学校入口区的景观设计要对入口区景观要素进行分析，找到要表达的主景与配景、主角与配角。首先确定主题与副主题、重点与一般、主角与配角、主景与配景等的关系，在确定主题思想的前提下，考虑主要的艺术形象。主要景物还要通过次要景物的配景、陪衬、烘托得以加强。

学校入口区的景观设计通常采用轴线法的创作方式。轴线法是规则式园林常用的设计方法，由于强烈、明显的轴线结构，规则式园林将产生庄重、开敞、明确的景观感觉。一般轴线法的创作特点是由纵横两条相互垂直的直线组成，控制全区域乃至全园区布局构图的"十字架"，然后，由两主轴再派生同若干条次轴线，或相互垂直，或呈放射状分布，一般组成左右对称、有时包括上下、

图7-8 上海交通大学鸟瞰图

图7-9 郑州大学新校区入口区

左右对称的、图案性十分强烈的布局特征。如图7-8、图7-9所示。

由于其能产生庄重、开敞、明确的景观感觉，所以轴线法最适合运用于学校入口区域。轴线法的运用有以下几种形式：

1）中轴对称：在布局中，首先确定某方向上的一条轴线，在轴线的上方通常安排主要景物，在主要景物前方两侧，常常配置一对或若干对次要景物，以陪衬主要景物。在学校入口区，通常沿入口纵深方向设置轴线，轴在线可以设置长带状的水池，在水池中安装带状喷泉或排列整齐的雕塑，以强化轴线、增加轴线方向的纵深感。在轴线两侧分别种植成排的大型乔木，形成视线廊道，同时轴线两侧的乔木又是左右对称的，起到陪衬主要景物的作用。

2）主景升高：主景升高是普通、常用的艺术处理手段，主景升高往往与中轴对称的方法联用，主景在中轴线的最后端向高处抬升，形成仰视的场景空间，从而增强主景物的全局控制能力。学校入口区的后端通常是主教学楼或图书馆，为了增加入口区的气势，通常在主教学楼和图书馆正面设多层台阶，通过提高建筑物底层标高，使主景升高，从而达到增强气势的目的，如图7-9所示。

3）构图重心位置：在几何构图重心位置放置主景，或者在视觉重心放置主景，是突出主景的另外一条途径。重心与中心在规则式构图中是重合的，在不规则构图中则是不重合的，为强化主景效果，宜将主景放置构图的重心位置。同时还可综合运用主景升高的方法来强化主景。

轴线法创作特点是讲究对称、轴线，在种植设计上，为达到对称、整齐的效果，多进行植物的修剪，创作出树墙、绿篱、花坛、花境等种植效果，同时还对称放置用于引导与约束视线的成列的雕塑、小品等。

园林上的轴线法所讲的对称，并非建筑意义上的绝对对称，园林的对称是相对对称。园林主要素材之一的植物不可能有完全一样的两棵，所以就不可能有完全的、绝对的园林对称。这种情况也使得园林景观设计进行轴线法创作时，既追求对称，又追求变化，实现更为优美丰富的景观效果。

为丰富景观效果，在轴线法、山水法、混合法的园林创作方法中，还经常用以下手法对景观进行填充与优化。

学校大门作为进入学校范围的标志之一，通常都具有一定的设计理念与设计精神。在景观中，大门既是重要点睛之物，又是进入学校的序列的开始。园林绿地景观应很好地配合大门建筑，以烘托其理念与精神。入口区域的景观设计也应以大门建筑（构筑）物为出发点，在设计风格、设计精神方面与大门建筑保持一致。

图7-10是开封市黄河水利职业技术学院的大门，大门形象威武，取意于黄河巨型闸门之意境，具有水利职业学院的精神内涵，在设计精神上与学校的主题保持了高度一致。

图7-10　黄河水利职业技术学院的大门

从学校的外部空间看，学校大门成为入口区域的重要节点，大门建筑以外的集散场地及绿地园林景观设计完全处于从属地位，主要目的和意义在于陪衬大门这个主体。门前集散广场以大门建筑为结束点，并以大门为视觉焦点。

在大门外的场地中，一般以硬质铺装为主，不放置小品等内容，植物也以行列式的规整的高大乔木为主，常以向外扩散型种植方式存在，形成张开双臂欢迎学生的形态。高大乔木后侧，种植乡土速生树木，形成密不透风的背景，乔木的前侧则种植规整的灌木，一般不宜强调植物单体或组团景观。

硬质铺装材料通常与相接道路材料有明显不同，以标明地块性质的变更、门前集散场地以交通功能为主要功能，要能满足大量人车混流在短时间内汇集与通过的需求，地面通常选用防滑性强的材料进行铺装。

竖向设计上，有意识引导地表径流向外围道路，减少场地地表积水的可能性，以方便通行。

学校大门之外的集散场地一般不做夜间亮化设计。

从内部空间看，学校大门是进入学校的一个前序，作为一个序，就要有起点有尾声，一般将学校大门作为序的起点，以入口区主题雕塑作为高潮，以轴线后的建筑物作为尾声。大门内集散场地通常按照人车分流的方式进行设计，即集散广场地坪高程与行车道的地坪高程不在同一平面上，或虽在同一高程面，但采用不同材料进行面层处理，使广场与道路有明显的分隔，确保行人安全与车行通畅。从大门到中心雕塑小品之间的中轴在线，一般用强化轴线的深色花岗岩铺装成长带状或在轴线沿轴线方向布置长带形水池、长带形花坛等，以强化轴线感，增加纵深感。沿入口区域两侧，通常种植成列大乔木，形成规整的行列种植方式，再次强化轴线，使入口广场显得更为庄重、更显秩序性。

广场地面铺装通常采用大规格材料进行，比如面层采用600mm×600mm（或800mm×800mm）的矩形花岗岩面进行方阵性铺装，或用300mm×600mm（或400mm×800mm）的长方形花岗岩进行连锦纹铺装，一般不采用碎拼或冰裂纹的铺装方式。

大门内广场通常考虑夜景照明的布设，道路两侧的高杆灯随道路方向布设，再次强化中轴线的地位。门内广场对于重要构筑物或部分小景点也可设部分投射灯，用以在夜间起点缀作用，但不宜过多。

此区域内的雕塑（可以是假山、喷泉等）作为重心与重点，集中体现学校的历史、人文、学校校训或办校宗旨等特点，使景观设计中的亮点与重点通常采用主景升高的办法处理主题雕塑，配以草坪或绿篱等整齐的植物图案，使其成为此区域的重心所在。

7.5.2 行政办公区景观设计

（1）功能方面

办公区一般以硬化广场为主，满足交通、集散、迎宾及停车功能。此区域的交通流量基本不受上下课时间的影响，相对稳定，因此行政办公楼前的集散广场规模可以适当减小。建筑物前的硬质铺装面积按每人占有硬质地面$0.2m^2$计，根据行政办公的性质，计算其（人）数为此行政办公楼上办公人员的总和的0.85倍。

办公楼（学校办公楼、系院办公楼）前要设计一定面积的停车场，每$100m^2$办公建筑应配备不小于1.5个停车位，每个地面停车位按$25\sim30m^2$计算，如果采用停车楼或地下车库停车，则每个车位按30~35m²计算，通过计算，可以得出需要多大面积的停车场。每个机动车停车位存车量可以按每天周转3~7次计算停车场的全天停车量。

（2）美观方面

充分利用植物、水体的不同组合为点缀，打破沉闷的硬化空间，增加活泼、和谐气氛。

此区域平面布局形式多采用混合式。将规则式造园林手法与自然式造园手法有机统一于一体，可使园林设计方法更为灵活多样，这种处理方法很适合于办公区域的景观设计。

正对行政办公楼的主要出入口，用相对规则的园林布局手法处理：成排的行道树或行植林、规矩的花坛或水池、简洁大方的地面铺装、排列整齐的照明灯具，到处彰显礼仪与规则。出入口旁边是具有一定规模的广场，用于人员集散与接待宾客所用，广场外围是相对密闭的植物景观带，以浓绿色的背景将接待广场合理地陪衬起来，通过明暗对比、虚实对比的手法，体现出广场的开阔与明亮，同时也用到了小中见大的造景手法。

越过浓绿色的植物景观带，景观布局形式由轴线法改变为综合法，此处布置曲径通幽的林间小径、逶迤跌宕的小溪河流、集散相依的大小水面、婀娜多姿的植物景观，加之地形变化，使此区域的景观在相对较小的范围内发生大的变化，形成既有对比又有统一的园林景观效果。

在行政办公区园林绿化景观绿化设计中，为了更好地营造出优美、舒适、和谐、健康的办公环境，应充分考虑该地区土壤特点进行色彩搭配、植物四季季相更替、特色植物以及植树与种草的分配，以使在不同的季节形成不同的景致，同时形成稳定、自然的生态植物群落，注意树种选择和植物配置。

7.5.3 教学科研区景观设计

教学科研区占据了学校大部分面积，是学校的核心组成部分，在学校用地范围内分布较广，并多按院系及专业进行分布。教学科研区内的建筑类型主要有：教室、图书馆、实验实习场所及附属用房等。

这个区域是学生在短时间内大量汇集的场所，学生在此场所集散时要安全、方便、快捷，硬质铺装与道路系统必须符合相关设计规范与标准，在设计时要准确把握"量"，以满足学生短时间内的集散所需。

（1）功能方面

教学楼等建筑物前的硬质铺装面积通常情况下按每学生占有硬质地面0.5m²计算，在用地条件紧张的情况下，按每学生至少占有硬质地面0.2m²计算，计算基（人）数为教学楼（试验楼）高峰期时学生数量的总和。

教学楼、科研楼及试验楼等建筑物周边可适当开辟自行车停车场地，宜结合主体建筑外观及周边景观实际情况设置自行车（电动车）停车棚，并使自行车停车棚融于景观之中。每辆自行车（电动车）1.98m²，可采用单排两侧停车式布设停车棚，在条件允许情况下，除了解决车棚照明用电外，宜考虑车棚电动车充电用电。

（2）美观方面

教学科研区植物景观设计的重点在于为学生创造一个有利于户外沟通和交流的空间，并且处理好植物与建筑物之间的关系，柔化建筑物生硬的外观，且不影响室内的通风采光。这一区域的植物景观设计也应该考虑可供不同人群使用，从而创造出不同的空间气氛。既可以安静怡人适合读书和小型交流，也可以宽敞简洁，利于较大规模的学生活动。图书馆周边是一个需要特殊处理的区域，图书馆周边区域常作为学校重点景观规划及建设区域。

教学科研区的景观从根本上讲，对形成整个院校的独特景观风貌起着举足轻重的作用。学校的性质不同，决定着教学科研等研究的对象不同，由此可以分析出不同院校景观设计的特点和出发点。

古希腊著名美学家亚里士多德在所著的《诗学》中蕴含了"寓教于乐"这一思想，后来的古罗马诗人、文艺理论家贺拉斯对此进行了明确的表达。贺拉斯在《诗艺》中提出，强调文艺的认识作用、教育作用必须通过艺术的审美方式，即美的形象来达到，诗应带给人乐趣和益处，也应对读者有所劝谕、有所帮助。贺拉斯提出"一首诗仅仅具有美是不够的，还必须有魅力"，这样才能发挥艺术的教化作用。"教"是教育，又指文化开发，景观"教"的功效应是崇尚美德、简朴、正义、秩序、法律（规律），促使人接受文明。教是目的，教须通过乐的手段才能实现，教化功能在艺术作品中不应脱离使人获得愉悦的具体形象，欣赏者总是在审美体验和审美感受中得到陶冶、教化的。"寓教于乐"说同时也揭示了艺术的本质特征：艺术中包含的普遍性的真善美必须通过明晰的个性化转化为个体感性可以直接接受的形式，艺术作品必须是形式与内容的美的融合、统一。艺术设计者如果想做到"寓教于乐"，要强化自身的人格修养和心灵净化，同时严肃对待艺术创作，遵循特定的规范，从而左右读者的心灵和审美情感，引导学生趋善避恶。

学校本身就是教育学生的地方，学校不同、专业不同、研究内容不同，但教育学生、培养学生的任务相同，学校的目的都是给社会提供有用人才。学校的景观作为直接影响学生的因子，可以更好地发挥"寓教于乐"的效果。

理科类教学科研区的景观可以与理科相关的知识、图形、定律等作为景观设计出发点及要素，寓教于乐，寓教于景，寓教于游，将试验室内或书本上的一些可以具体形象的内容放大若干倍，放在室外空间，并将这些形象赋予一定的功能，通过学生的随时参与展示科学的奥妙，使课堂内的知识在课堂外加以深化，从而促进教学质量。比如，将普通的园林景观花架设计为试验中用到的冷凝器形状，将园林景观中常见的亭子设计成试验中用到的漏斗、锥形瓶等形状，既使景观效果令人耳目一新，又满足了园林内功能性要求。

再比如，将某些具有理学结构、美学特点的原子类结构放大若干倍，作为一个主题雕塑放在园林景观中，这些题材是学校环境中的专有素材，不同于为大众化服务的园林，使人有耳目一新的感觉。同时，这些小品能够给学过此专业的学生以美好的回忆，给没学过此专业的学生以学习的兴趣。

将工程类相关的工具、构件等按美观的原则或放大或缩小，将一些流程、逻辑转换为可以表现的符号，呈现在教学区的园林景观中，可以更好地渲染学校的专业特性。

地面铺装及游路设计中，可以将某些具有通性的流程、逻辑、现象、本质等作为表现内容，通过铺装的布局、游路的摆布更为形象地表达出来。相关的植物景观则作为某些点缀，或成为景观的背景，或成为景观的主景，或成为景观的配景，与硬质景观一起表达出最有特色的教学区景观风貌。

医学类院校的教学科研区景观设计时，可依据中医中的"脉相"为设计思路，将脉相转化为直观的地面铺装形式、植物种植模式等。

作为文科类院校的园林景观设计，则更要从抽象的知识体系中化解出具象的内容作为景观设计的重心和要点。著名设计师路易斯康的学样建筑理念认为，学校是两个人坐在大树下面交流思想，这个理念更适合于文科学校的教育特色。在文科教育中，有许多内容是辩证的、互逆的，文科是解决相对与统一的矛盾关系，这些手法恰是园林造景常用的手法，通过将相对与统一的辩证关系运用到园林景观设计中，创作出这种矛盾的统一体，对于学生在生活中运用这些理论也能起到较好的作用。

7.5.4　学生生活区景观设计

（1）功能方面

学生生活区在学校的总体布局中相对集中，此区域的特点是人流量、非机动车流量大，且相互交织，交通组织处理是本区域的功能组织需要解决的重点任务之一。

学生生活区包括学生宿舍、学生食堂、教工食堂、生活福利及其他附属用房与风雨操场等。这个区域的建筑类型多、建筑功能杂，各个建筑的使用效率相对都较高，所以此处需要方便的交通路线、宽阔的集散空间，同时也需要方便的自行车停车体系、夏可遮阴冬可晒阳的良好的林下空间，需要就近的室外优美的游憩空间。

结合此功能要求，学生生活区景观的基本特点是采用树阵景观与林下广场相结合的景观组合方式。林下广场景观为学生的短时大量集散提供了非常方便的场地，树阵式景观带结合生活区道路系统的设计，方便了交通，在树阵式景观带中结合植物景观设置充足的自行车停车棚，以方便学生使用。充分利用建筑之间的室外场地创造出斑块状的林下广场系统，林下广场内可设置多种运动设施（乒乓球台、健身器材等），也可设置为读书提供条件的相对私密的小环境，从而为学生就近利用与享受校园园林景观提供了良好的条件。

（2）美观方面

学生生活区主要以有遮阴效果的冠大荫浓的高大乔木为主，植物叶色不宜过多，宜以深色调植物为主，以形成较为纯净的林下空间，以纯净的色彩包围生活区的建筑形成适合学生休息的大环境。林下空间内在不影响交通和集散功能的情况下，可设置一部分组团景观，这些组团景观可以是植物群，也可以是雕塑，还可以是水系假山等，无论是何种组团，都应尽可能多地提供学生参与和使用的空间。

在植物组景过程中，尽量不用模纹花坛、花径等占地面积大的植物组景方式，模纹花坛等会影响此区域交通的畅达性与集散场地的通达性。道路两侧也不建议用绿篱，以免影响道路与集散场地之间的方便联系，为区分和优化生活区的室外景观空间，可在地面铺装方面通过不同的铺装形式进行视线上的"区域"划分。在建筑物的边角地带，如果不影响运动与集散，则可以考虑在边角等处设计相对精致的景观组团，以弥补景观点分布较少的不足。

生活区中的阅报栏是必不可少的宣传设施之一，可结合植物景观，将阅报栏设计成具有特色的报栏。外观可以采用古树桩的形式、机械工业的模型等，使阅报栏本身形成一道风景线。

生活区可适量设置部分运动健身器材与设施，特别是距学生宿舍较近的位置，只要空间允许，尽量设置小型运动健身器材与设施以方便学生使用。

7.6　校园园林植物景观设计

园林植物，是指园林中作为观赏、组景、分隔空间、装饰、庇荫、防护、覆盖地面等用途的植物。园林植物要有体形美或色彩美，适应当地的气候及土壤条件。园林植物经过选择和安排后，在生长的合适年龄和季节中可成为园林主要的欣赏内容。

园林植物配置常用的艺术处理手法有：对比和衬托、动势与均衡、起伏与韵律、层次与背景、色彩和季相。为便于理解，下面对各个手法进行评析。

对比与衬托手法：运用植物的不同特征，运用高低、姿态、叶形叶色、花形花色的对比手法，表现一定的艺术构思，衬托出美的植物景观。在树丛组合时，要注意相互协调，不宜将形态姿色差异过大的树木种在一起。

动势与均衡：各种植物的姿态不尽相同，有的比较规整，有的具有动势，配合时要讲究植物相互之间或植物与环境之间的和谐协调，同时还要考虑植物在不同的生长阶段和季节的变化，不要因此产生不平衡的状况。

起伏与韵律：道路两侧和狭长地带的植物配植，要注意纵向的立体轮廓线与空间转换，做到高低搭配、有起有伏，产生节奏韵律。

层次与背景：为克服景观的单调，宜以乔、灌、草等植物进行多层次配置，不同花色花期的植物相间分层配置，可以使植物景观丰富多彩。背景树一般宜高于前景树，栽植密度宜大，最好形成绿色屏障，色调宜深，或与前景有较大的色调和色度上的差异，以强化衬托效果。

色彩和季相：为实现园林植物的色彩构图，可运用单色表现、多色配合、对比色处理，以及色调和色度过渡等不同的配置方式进行表现。将叶色、花色等进行分级，有助于组织优美的植物色彩构图，要体现春、夏、秋、冬四季的植物季相，尤其是春、秋的季相。在同一个植物空间内，一般体现一季或两季的季相，效果较为明显。因为树木的花期或色叶变化期，一般只能持续一两个月，往往会出现偏枯偏荣的现象，所以，需要采用不同花期的花木分层配置，以延长花期，或将不同花期的花木和显示一季季相的花木相混植，或用草本花卉（特别是宿根花卉）弥补木本花卉花期较短的缺陷。对于大型空间，往往表现一季的特色，给游人以强烈的季相感，在较小的空间内，也通常采用布置樱花林、玉兰林等方式产生具有时令效果的艺术效果，给人以较强的感染力。

7.6.1 学校绿化常用的树种

学校绿化的常用树种与学校所在的地理位置有关，根据我国植被的分布情况，结合我国气候情况，将全国分为11个植物区。下面以河南职业技术学院所在的郑州市为例来说明，郑州市属于我国植物分区中的Ⅳ区。

该区代表城市有青岛、烟台、日照、威海、济宁、泰安、淄博、潍坊、枣庄、临沂、莱芜、东营、新泰、滕州、郑州、洛阳、开封、新乡、焦作、安阳、西安、咸阳、徐州、连云港、盐城、淮北、蚌埠、韩城、铜川。

1）常绿乔木及小乔木：油松、白皮松、黑松、华山松、赤松、雪松、日本花柏、日本扁柏、侧柏、云杉、桧柏、龙柏、刺柏、千头柏、女贞、广玉兰、枇杷、石楠、棕榈、蚊母、桂花、刺桂。

2）落叶乔木及小乔木：水杉、银杏、悬铃木、毛泡桐、泡桐、梓树、楸树、桑树、青桐、毛白杨、黄连木、国槐、龙爪槐、刺槐、皂荚、合欢、乌桕、旱柳、垂柳、枫杨、核桃、槲栎、光叶榉、栾树、小叶朴、杜仲、板栗、麻栎、栓皮栎、柿树、构树、白蜡、洋白蜡、玉兰、枣树、鸡爪槭、红枫、茶条槭、五角枫、流苏、刺楸、楝树、丝棉木、四照花、七叶树、臭椿、千头椿、东京樱花、杏、木瓜、海棠花、紫叶李、白梨、日本晚樱、山楂、碧桃。

3）常绿灌木：沙地柏、铺地柏、翠柏、鹿角柏、枸骨、海桐、大叶黄杨、小叶黄杨、黄杨、凤尾兰、丝兰、十大功劳、八角金盘、桃叶珊瑚、小蜡、水蜡、夹竹桃、蔓常春花、火棘、金丝桃。

4）落叶灌木：香荚蒾、接骨木、猬实、糯米条、海州常山、贴梗海棠、麦李、欧李、郁李、白鹃梅、榆叶梅、黄刺玫、珍珠梅、珍珠花、粉花绣线菊、现代月季、平枝枸子、鸡麻、紫珠、棣棠、细叶小檗、紫叶小檗、牡丹、东陵八仙花、木本绣球、三桠绣球、金叶女贞、紫荆、小叶女贞、连翘、丁香、雪柳、迎春、腊梅、锦鸡儿、胡枝子、太平花、山梅花、红瑞木、锦带花、海仙花、天目琼花、金银木、石榴、花椒、竹叶椒、木槿、秋胡颓子、紫珠、紫薇、紫玉兰、枸橘。

5）竹类：淡竹、刚竹、紫竹、罗汉竹、斑竹、早园竹、筇竹、苦竹、箬竹。

6）藤本植物：中华常春藤、洋常春藤、地锦、葡萄、蛇葡萄、金银花、胶东卫矛、木香、紫藤、扶芳藤、爬行卫矛、猕猴桃、美国凌霄、凌霄、藤本月季、三叶木通。

7）草坪及地被植物：中华结缕草、日本结缕草、马尼拉结缕草、草地早熟禾、早熟禾、匍茎剪股颖、小糠草、紫羊茅、羊茅、双穗雀稗、麦冬、红花酢浆草、鸢尾、萱草、紫萼、玉簪、白三叶、二月兰、连钱草。

7.6.2　学校绿化植物配置

人们欣赏园林景色是多方面的。绿化植物配置应根据因地、因时、因材制宜的原则，实际上总的体现着因景制宜，以此来创造园林空间的景变（主景题材的变化）、形变（空间形体的变化）、色变（色彩季相的变化）和意境上的诗情画意；力求符合功能上的综合性、生态上的科学性、配置上的艺术性、经济上的合理性、风格上的地方性等要求。

学校的景色和树种要求丰富多彩，但在一个园林空间内的植物景色，必须各具特色、有主有次，主要树种不宜过多，以免杂乱。作为主景树种必须具有观赏特色。一般采用片植或群植的种植方式，以取得形式简练而内容含蓄的效果。这样也可避免树木到处三五成群，产生主次不分、体形繁琐之弊。在配置上采取前简后繁、前明后暗、前淡后浓或反之等体形，明暗、色彩等对比手法来突出主景。

园林空间内植物配置的形体变化，主要结合地形和乔、灌木的不同组合形式形成虚实、疏密、高低、简繁，曲折不同的林缘线和立体轮廓线混交树群的层次，参差多变化。同一树种的树群，独特的性格明显，可利用起伏的地形和异龄树的组合来改变立体轮廓线的平直。树丛、树群的形体组合，必须注意个体美和群体美相结合，发挥个体在群体中的构图作用。在一个园林空间内，不但要求孤植树，树丛、树群互相协调组合和构图上的完整性，还要注意相邻空间的视觉关系。凡树木体形性格独特的树种，如雪松等以采用单纯的栽植形式为好，不宜作为混交树丛配置。

园林植物的色彩，在配植中，能带来极明显的艺术效果。其色彩的变化，一方面由于植物本身具有季相特点，引起园林景色的色彩变化；另一方面是采用不同色彩的花木配置成绚丽多彩的园林景色。

采用不同彩色的花木时，和不同绿色度的大、小乔灌木分层配置或混植，也能创造瑰丽多姿的园景色彩。首先是叶片，如果从叶色着手，则不论是否开花，都有良好的效果。为了创造出四季花景，有效的配置方法是采取不同花期的花木，分层布置，或混合种植来延长花期景色。配置时，花期长者，株数宜多；花期短者，株数宜少，多采用宿根花卉延续花期。但尽量少采用需要经常分株的多年生草本，这样可取得花工少、收效大的效果。

植物配置艺术，既有它的艺术客观规律，也有它的相对独立性，但不是孤立的。必须根据地形、地貌与建筑、道路、假山等统一考虑，进行总体规划，确定创作意图，再进行局部设计。为了避免植物配置出现东拼西凑、杂乱无章的现象，进行植物配置时，应注意以下几点：

先面后点：为了创造多方景胜的园景，园内各个景区空间的植物景色多样、境界各殊，必须先从整体考虑，大局着眼，然后再考虑局部穿插细节，做到"大处添景，小处添趣"。

先主后宾：在一个景区里，植物配置要宾主分明，因此首先确定植物的主题和主要观赏景区，再布置次要景区，先定主景树种．再选择配景树种。

远近结合：植物配置时，不但考虑一个景区内树木搭配协调，同时要与原有树木、有机组合好，还要与相邻空间或远处的树木和背景及其他景物能彼此相生而相应，才能取得园林空间艺术构图完整性。

高低结合：一般来说在一个园林空间，或一个树丛、树群内，乔木是骨干。配置时要先乔木，后灌木，再草花。要先定乔木的树种、数量和分布位置，再由高到低分层处理灌木和草花，这样才能有完美艺术形象的立体轮廓线。

学校绿化植物配置设计时要从绿化植物群体效果、绿化植物单体及组团效果等方面充分研究，同时还要根据绿化植物与周边条件的结合作为研究的出发点。

从植物的群体效果或整体效果上分析，要注重林缘线处理与林冠线的处理。

（1）林缘线的处理

林缘线是指树林（或树丛）边缘上树冠投影的联机。林缘线处理就是植物配置的设计意图反映在平面构图上的形式。它是植物空间划分的重要手段，空间的大小、景深、透景线的开辟、气氛的形成等，大多依靠林缘线处理。

林缘线的曲折，可以组织透景线，增加景深。如杭州西湖柳浪闻莺大草坪的闻莺馆前，从四株枫杨树丛中透视到由七株香樟和美人蕉组成的树丛及其后面的垂柳。这里利用树丛的林缘线构成透景线，以距离的远近和色彩的深浅加强了草坪的景深效果。

大空间中创造小空间，也必须借助于林缘线处理。如杭州西湖花港观鱼和柳浪闻莺大草坪中的雪松树群，远看是一片树，近看则是树中有树，大空间里套小空间，显示出别具幽深的封闭空间意境。同时，也充分发挥了雪松这一名贵树种的观赏效率，远看雪松高耸、稳重，近赏又觉树形挺秀、雄浑多姿。花港观鱼公园大草坪的雪松群里，其中有一个由六株雪松组成的小空间，既安静，又可透视西湖里的水景，也是使人驻足的地方。

（2）林冠线的处理

林冠线是指树林（或树丛）空间立面构图的轮廓线。平面构图上的林缘处理，并不完全体现空间感。不同植物高度组合成的林冠线，对游人的空间感觉影响很大。在游人的视线范围内，如树木高度超过人的视线高度，或树冠层挡住了游人的视线时，就感到封闭；如采用1.5m以下的灌木，则仍觉开阔。

同一高度级的树木配置，形成等高的林冠线，比较平直、单调。但更易体现雄伟、简洁和某一种特殊的表现力。如雪松群挺拔向上，具有气魄；垂柳林则枝条低拂，显得柔和、朴素；成片的木本绣球，花团锦簇，显得热闹、壮观。

不同高度级的树木配置，能产生有起伏的林冠线。因此在地形变化不大的地域，更应注意林冠线的构图。

在林冠起伏不大的树群中，突出一株特高的孤立树，有时也能产生很好的艺术效果。

即使同一高度级的植物配置，由于地形高低不同，林冠线仍然不一致。

除林冠线外，树木分枝点高低，也可产生不同的空间感，在一般情况下，凡乔木下面都是比较通透的。针叶树如雪松、金钱松、水杉等，分枝点低，游人不能进入树冠之下，而马尾松、黑松等分枝点高，树冠下一般较通透，则可供游人休息。所以，空间感还决定于树种选择、树龄、生长状况和修剪形式等的差异。

项目案例分析

1. 河南商专新校区景观设计案例

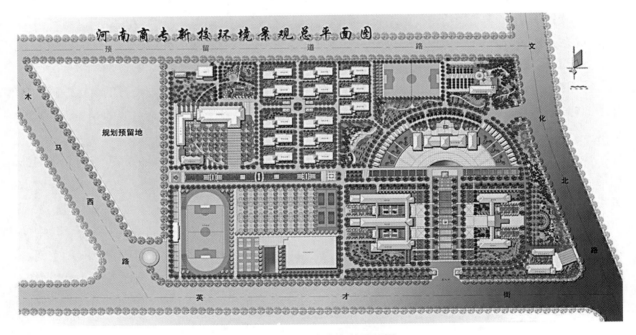

图7-11 河南商专总平面图

图7-12 河南商专景观设计效果图

图7-13 河南商专行政区景观设计效果图

图7-14 河南商专入口内庭景观设计效果图

图7-15 河南商专生活区景观设计效果图

图7-16 河南商专教学区景观设计效果图

2．郑州牧业工程高等专科学校景观设计案例

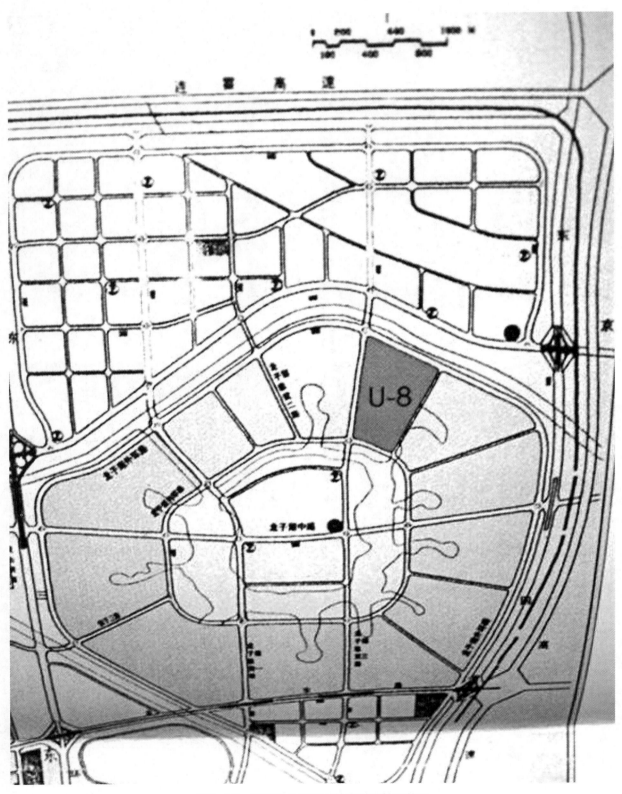

图7-17　郑州牧业工程高等专科学校区位图

图7-18 郑州牧业工程高等专科学校总体平面图

图7-19 郑州牧业工程高等专科学校总体鸟瞰图

图7-20　郑州牧业工程高等专科学校功能分析图

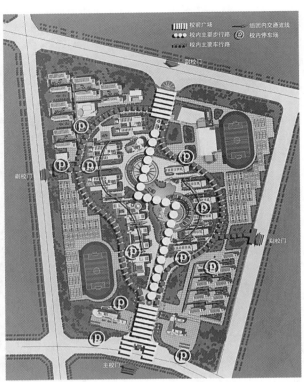

图7-21　郑州牧业工程高等专科学校道路及交通分析图

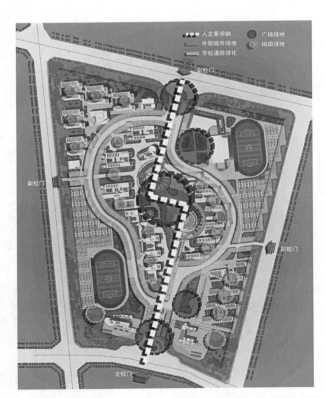

图7-22　郑州牧业工程高等专科学校景点及视线分析图

图7-23 郑州牧业工程高等专科学校大门图

3. 河南警察学院景观设计

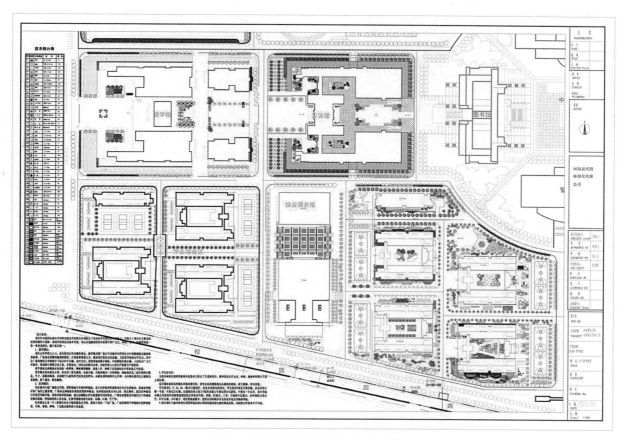

图7-24 河南警察学院景观设计平面图

图7-25　河南警察学院入口景观效果图

图7-26　河南警察学院生活区景观效果图一

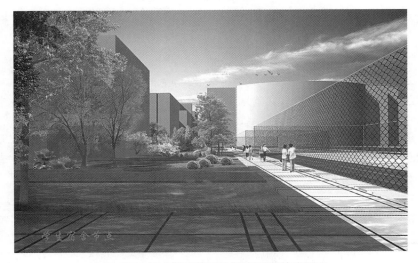

图7-27　河南警察学院生活区景观效果图二

图7-28　河南警察学院整体景观效果图

项目训练

——项目任务

高校入口及主教学区景观设计：河南警察学院位于郑州市郑东新区龙子湖高校园区内，与河南农业大学和河南牧业高等专科学校毗邻（平面图见下页）。该项目在上述案例分析中已经进行详细的分析和介绍，由于校园面积较大，所以选择了学校入口区及主教学楼建筑群部分作为此次设计的题目。设计要能体现警察行业的特点，应规整、庄严、大气。可适当考虑雕塑、水景、景观柱等。

——项目设计过程

设计实例和工程实例解读—设计项目综合分析—设计定位—设计形式确定—草图—修改—方案定稿—成套方案设计。

——项目设计要求

手绘或电脑作图；设计成果有设计说明、平面图、轴测图、局部小景图、立面图、主要景观小品详图、植物种植图；装订成册，同时上交电子版一份。

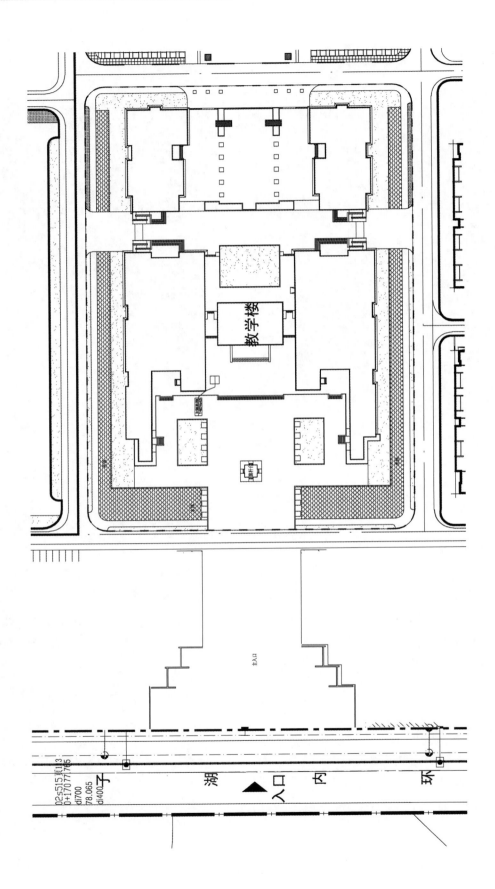

教学楼

主入口

02s515页13
0+17077705
di700
78.065
di400.0
平
湖
入口
内
环

参考文献

1. 中华人民共和国建设部. 城市居住区规划设计规范[S]. 北京：中国建设工业出版社，2002.

2. 摩尔海德. 景园建筑[M]. 刘丛红译. 天津：天津大学出版社，2001.

3. 何平，彭重华. 城市绿地植物配置及造景[M]. 北京：中国林业出版社，2001.

4. 玛丽安娜·鲍榭蒂. 中国园林[M]. 闻晓明，廉悦东译. 北京：中国建筑工业出版社，1996.

5. 洪得娟. 景观建筑[M]. 上海：同济大学出版社，1999.

6. 徐化成. 景观生态学[M]. 北京：中国林业出版社，1999.

7. 维勒格. 德国景观设计[M]. 苏柳梅，邓哲译. 沈阳：辽宁科学技术出版社，2001.

8. 王其亨. 风水理论研究[M]. 天津：天津大学出版社，1992.

9. 佟欲哲. 中国景园建筑图解[M]. 北京：中国建筑工业出版社，2001.

10. 西蒙兹J O. 景园建筑学[M]. 王济昌译. 台隆书店，1982.

11. 西蒙兹J O. 大地景观——环境规划指南[M]. 程里尧译. 北京：中国建筑工业出版社，1990.

12. 朱光亚. 且说国外若干中国园林研究成果[J]. 建筑师1993（52）：23-28.

13. 胡长龙. 园林规划设计[M]. 北京：中国农业出版社，2002.

14. 彭一刚. 中国古典园林分析[M]. 北京：中国建筑工业出版社，1986.

15. 郑宏编. 环境景观设计[M]. 北京：中国建筑工业出版社，1999.

16. 中国建筑技术发展中心市政部，等. 青年风景师[C]. 城市建设情报资料，第8801号，1988.

17. 舒玲，余化. 生活环境与健康[M]. 北京：中国环境科学出版社，1988.

18. 俞孔坚. 景观. 文化. 生态与感知[M]. 北京：科学出版社，1998.

19. 余树勋. 园林美与园林艺术[M]. 北京：科学出版社，1987.

20. 佟树哲. 中国传统景园建筑设计理论[M]. 西安：陕西科学技术出版社，1994.

21. 刘永德，等. 建筑外环境设计[M]. 北京：中国建筑工业出版社，1996.

22. 刘滨谊. 风景景观工程体系化[M]. 北京：中国建筑工业出版社，1990.

23. 刘滨谊. 现代景观规划设计[M]. 南京：东南大学出版社，1999.

24. 安怀起. 中国园林史[M]. 上海：同济大学出版社，1991.

25. 周维权. 中国古典园林史[M]. 北京：清华大学出版社，1990.

26. 吕正华，马青. 街道环境景观设计[M]. 沈阳：辽宁科学技术出版社，2000.

27. 黄世孟. 地景设施[M]. 大连：大连理工大学出版社，沈阳：辽宁科学技术出版社，2001.

28. 胡长龙. 园林规划设计[M]. 北京：中国农业出版社，2002.

29. [日]河川治理中心编，苏利英译. 滨水地区亲水设施规划设计[M]. 北京：中国建筑工业出版社，2005.

30. [日]河川治理中心编，刘云俊译. 护岸设计[M].北京：中国建筑工业出版社，2004.

31. 刘滨谊等. 城市滨水区景观规划设计[M]. 南京：东南大学出版社，2006.

32. 王浩，谷康，孙新旺. 道路绿地景观规划设计[M]. 南京：东南大学出版社，2003.

33. [日]画报社编辑部编，唐建，苏晓静，魏颖译. 地面铺装[M]. 沈阳：辽宁科学技术出版社，2003.

34. 唐剑. 现代滨水景观设计[M]. 沈阳：辽宁科学技术出版社，2007.

35. 北京市园林学校主编. 园林规划设计[M]. 北京：北京科学技术出版社，1988.

36. 丁圆. 景观设计概论[M]. 北京：高等教育出版社，2008.

37. 杨赉丽. 城市园林绿地规划[M]. 北京：中国林业出版社，1995.

38. 金柏苓，张爱华. 园林景观设计详细图集1[M]. 北京：中国建筑工业出版社，2001.

39. 刘庭风. 中国古典园林的设计、施工与移建：汉普敦皇宫园林展超银奖实录[M]. 天津：天津大学出版社，2007.

40. [美]西奥多·奥斯曼德森著，林韵然，郑筱津译. 屋顶花园[M]. 北京：中国建筑工业出版社，2006.

41. [英]安德鲁·威尔逊编著，张海峰译. 庭院规划与设计1[M]. 北京：中国建筑工业出版社，2011.

42. 尚金凯，张大为，李捷. 景观环境设计[M]. 北京：化学工业出版社，2007.